EDITORA E GRÁFICA SANTO TEMPLO MATRIZ

Química Real

1ª Edição Jean Cavalcante

Jean Cavalcante
11/04/19

Este Livro está escrito baseado em histórias reais e pesquisas e tudo que está escrito é sincero e real.

1.0   Gráfica e Editora S. Templo Matriz

Índice

A Horigem de Base Real dos Elementos Químicos 7

A Horigem, Horion 7

   1º Elemento Químico-Phisíco: Água 7

   2º Elemento Químico-Phisíco: Rocha 8

   3º Elemento Químico-Phisíco: Ar (hoxigênio),(vento) mistura de gases; 9

   4º Elemento Químico: Phogo 9

   Símbolo Químico-Phisíco da reação química do Phogo 10

   5º Elemento Químico-Phisíco: O Homem (ser humano masculino) 11

   6º Elemento Químico-Phisíco: A Mulher (ser humano pheminino)........ 13

   7º Elemento Químico-Phisíco: Sétimo Santo Selo do Apocalipse (Santo Jesus) 13

   8º Elemento Químico-Phisíco: Hoitavo Santo Selo de nosso Santo DEUS: 14

A fórmula básica da molécula da água 15

   Hidrogênio: O Hidrogênio é (1.0) um elemento químico que está contido na molécula da água, por tanto o Hidrogênio é liquido; 15

   Hoxigênio: O Hoxigênio é (1.0) um elemento químico que está contido na molécula da água, portanto o Oxigênio é liquido; 15

   Nitrogênio: O nitrogênio é (1.0) um elemento químico que está contido na molécula da água, por tanto é liquido; 16

   A fórmula básica da molécula da água é (H^2ON), Uma molécula de Hidrogênio, (2.0) duas moléculas de Oxigênio e uma de Nitrogênio;... 16

A fórmula básica da molécula da água é: (H,Ho,Ho,N) (8+8+8+5)=29=2; 16

Estes elementos químicos estabilizam-se naturalmente para transforma-se em água através da fusão reversa, mas a transformação através da eletrolise, calefação e fissão química, e a fissão natural gerada pelo sol e as larva vulcânica realiza o ciclo que sempre estará na água, nos gases e etc. 16

O elemento padrão para base de cálculo é a água; 17

Está escrito na Bíblia Real: DEUS disse: – Que todos os seres vivos nas e produzam-se nas águas. 17

Artigo sobre as moléculas de base 17

    Hidrogênio (H) 17

    Hoxigênio (H) 19

    Nitrogênio (N) 23

A molécula da água é produzida por (3.0) três elementos químicos que são: Hidrogênio, Hoxigênio e Nitrogênio $H^2HoN= 885$ 25

Tabela Real da distribuição das camadas eletrônicas dos elementos químicos reais. 25

A classificação real das famílias dos elementos químicos. 33

    1º Sem Metais 33

    2º Metais Alcalinos 34

    3º Metais Alcalinos Terrosos 35

    4º Metais Transitivos 36

    5º Metais Representativos 37

    6º Semi Metais 38

7º Halogênios 39

8º Gases Nobres 40

9º Metais Magmáticos Raros 41

10º Metais Magmáticos Radioativos 42

Símbolos dos Elementos Químicos Reais Completos 43

1.0 Hidrogênio 43

2.0 Hélio 44

3.0 Lítio 45

4.0 Berílio 46

5.0 Boro 47

6.0 Carbono 48

7.0 Nitrogênio 49

8.0 Hoxigênio 50

9.0 Phlúor (Flúor) 51

10 Neônio 52

11 Sódio 53

12 Magnésio 54

13 Alumínio 55

14 Silício 56

15 Phósphoro (Fósforo) 57

16 Enxophre (Enxofre) 58

17 Cloro 59

18 Argônio 60

19 Potássio 61

20 Cálcio 62

21 Escândio 63

22 Thitânio (Titânio) 64

23 Vanádio 65

24 Cromo 66

25 Manganês 67

26 Pherro (Ferro) 68

27 Cobalto 69

28 Níquel 70

29 Cobre 71

30 Zinco 72

31 Gálio 73

32 Germânio 74

33 Arsênio 75

34 Selênio 76

35 Bromo 77

36 Kriptônio 78

37 Rubídio 79

38 Estrôncio 80

39 Ítrio 81

40 Zinco 82

41 Nióbio 83

42 Molibidênio 84

43 Thecnécio (Tecnécio) 85

44 Rutênio 86

45 Ródio 87

46 Paládio 88

47 Prata 89

48 Cádmio 90

49 Índio 91

50 Estanho 92

51 Antimônio 93

52 Thelúrio (Telúrio) 94

53 Iodo 95

54 Xenônio 96

55 Césio 97

56 Bário 98

57 Latânio 99

58 Césio 100

59 Praseodímio 101

60 Neodímio 102

61 Promécio 103

62 Samário 104

63 Európio 105

64 Gadolínio 106

65 Thérbio (Térbio).. 107

66 Thérbio (Térbio).. 108

67 Hólmio 109

68 Érbio.. 110

69 Thúlio (Túlio) 111

70 Itérbio 112

71 Lutércio... 113

72 Háphinio (Háfinio).. 114

73 Thântalo (Tântalo) 115

74 Thungstênio (Tungstênio).. 116

75 Rênio 117

76 Hósmio 118

77 Irídio 119

78 Platina 120

79 Houro (Ouro) 121

80 Mercúrio 122

81 Thálio (Tálio) 123

82 Chumbo 124

83 Bismuto 125

84 Polônio 126

85 Astato 127

86 Radônio 128

87 Phrâncio (Frâncio).. 129

88 Rádio 130

89 Actínio 131

90 Thório (Tório) 132

91 Protáctínio 133

92 Urânio 134

A Horigem de Base Real dos Elementos Químicos

A Horigem, Horion

Bases dos elementos Químicos-Phisícos

Gênesis: 1 Assn.: 1 e 2 Estr.:

1º ÁGUA - 2º ROCHA - 3º AR (hoxigênio) e (vento) - 4º FOGO - 5º Homem (**Adão Silva**) - 6º Mulher (**Evelin Iscariotes**) - 7º Jesus, Santo Philho - 8º SENHOR Jeová, Santo PAI

1º Elemento Químico-Phisíco: Água

Santo Símbolo da Água

As Águas também possuem em números elementos Químico-Phisícos, por exe.: Cálcio, magnésio, potássio, bromo, lítio e etc.; E esses elementos químicos também estão nas rochas.

2º Elemento Químico-Phisíco: Rocha

Santo Símbolo da Rocha

Das desphragmentações das Rochas matrizes, nós podemos encontrar em números elementos Químico-

Phisícos da tabela periódica, por exe.: Houro (Au), prata (Ag), pherro (Fe) e etc.; E desses phragmentos dar-se a horigem a pedras, pedregulhos, pedriscos, seixos, pedras preciosas, pedras radioativas por exe.: Urânio, Plutônio e etc. areia, barro, argila, partículas de pó e partículas de poeiras até que elas retornam ao mundo invisível e etc.;

3º Elemento Químico-Phisíco: Ar (hoxigênio),(vento) mistura de gases;

Santo Símbolo do Ar

O hoxigênio é um elemento Químico-Phisíco que está nas rochas, nas águas, e que está nas camadas atmosphéricas que parte da superphície da terra e do nível das águas até (1.000) mil metros de altitude após esta altura o ar transphorma-se rarepheito por causa de houtros gases nobres que são mais leves que ele e etc.;

4º Elemento Químico: Phogo

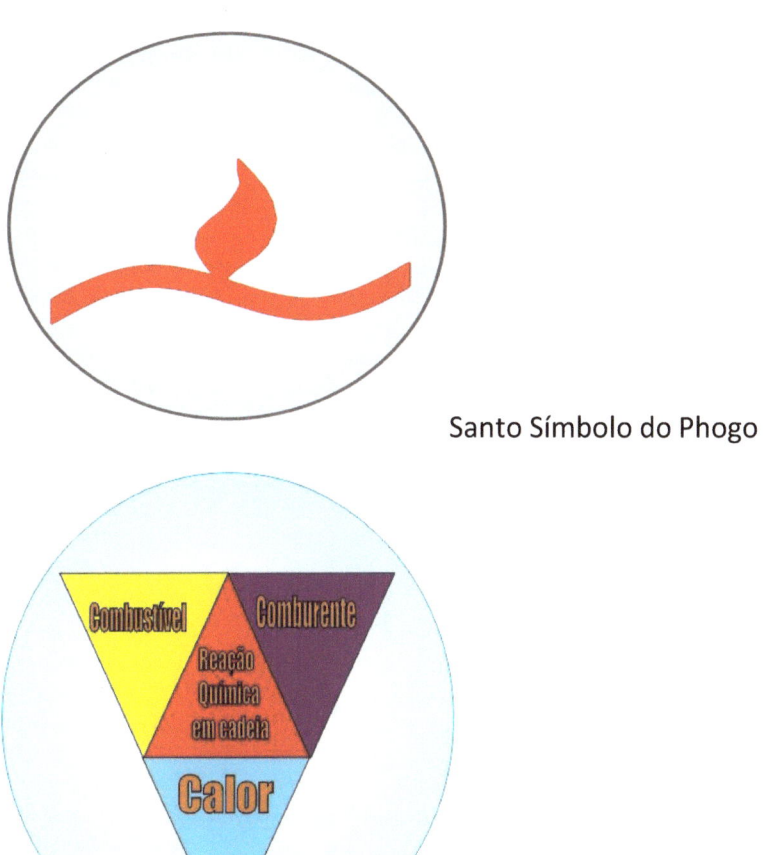

Santo Símbolo do Phogo

Símbolo Químico-Phisíco da reação química do Phogo

O phogo é a queima de todos os elementos Químico-Phisícos alimentado pelo hoxigênio, enxophre e elementos Químico-Phisícos Radioativos, ou seja, que tem energia própria, essa queima transphorma em uma phusão transphormando elementos Químico-Phisícos em houtros Químico-Phisícos provocando o retorno deles através da Química e da Phísica reversa.

5º Elemento Químico-Phisíco: O Homem (ser humano masculino)

Santo Símbolo do Homem

O Homem teve a horigem depois da horigem de todos os animais e ele é a última produção de nosso Santo DEUS, sendo que o ser humano é horiginado através do mesmo processo da criação do Globo Terrestre, ou seja, a terra queima há uma temperatura altíssima que é medida em graus Kelvins, e nosso corpo queima a uma temperatura de (36.5°) trinta e seis graus e meio Celsius (ou centigrados), a terra é constituída de (70%) setenta por cento de água que é a parte liqüida e (30%) trinta por cento de parte seca que aphlora para phora da água do nível dos mares, nosso corpo é constituído de (70%) setenta por cento de água que é a parte liqüida, e (70%) setenta por cento da parte seca que é cabelo, pele e hossos, Essa parte mesmo desidratando-se ela contínua seca por muitos anos até diluir novamente na parte liqüida. As veias e artérias são interligadas semelhantes a encanamentos hidraulicos, e os vulcões são interligados através de dutos por baixo da terra, e é necessário a temperatura quente para que todos os corpos cresçam, de maneira contrária isso causaria anomalias. O perpheito eqüilibrio do nosso globo terrestre e de nosso corpo Phisíco está na enérgia, saindo da inércia por que a inércia, ou seja, uma vida sedentária além de deixar todos os músculos mais phracos ainda pode atrophiá-los; Na temperatura eqüilibrada seja ela quente ou gelada. Se muito quente provoca insolação em nosso corpo, desidratação, phadiga e até a morte e etc.; Se a terra estiver muito quente, muitos seres vivos morrem dando horigem ao submundo phazendo com que a terra permaneça desolada; Mas se estiver muito gelado isso provoca no nosso corpo sérias complicações para viver até nós conseguirmos adaptar o meio em que nós vivemos, mas se a terra estiver muito gelada por exe.: O polo norte e sul.

6º Elemento Químico-Phisíco: A Mulher (ser humano pheminino)

Santo Símbolo da Mulher

A mulher teve a horigem dela depois do Homem, pois ela horiginou-se através de nosso Santo DEUS duplicada através da costela de Adão Silva, horiginou-se Evelin Iscariotes, e de Evelin Iscariotes juntamente com Adão Silva houve a horigem de toda a humanidade.

7º Elemento Químico-Phisíco: Sétimo Santo Selo do Apocalipse (Santo Jesus)

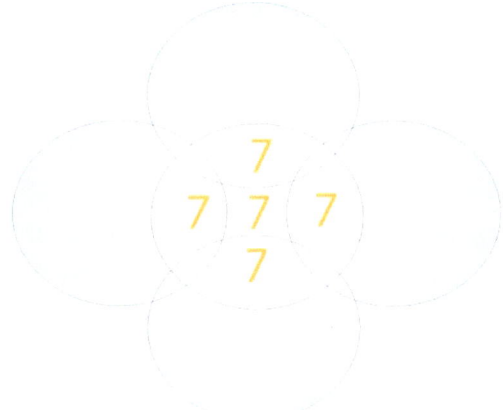

Sétimo Selo do Apocalipse (Jesus)

Está escrito que quanto estivesse próximo do julgamento terminal do Reino do Inpherno para início do Santo Reino com o retorno do sucessor de nosso Senhor Jesus, o Santo Philho de nosso Santo DEUS, o sétimo selo apareceria.

8° Elemento Químico-Phisíco: Hoitavo Santo Selo de nosso Santo DEUS:

– "EU SOU O ALPHA, GAMA E HOMEGA; EU SOU O INÍCIO, MEIO E TÉRMINO;"

15.0　　　Gráfica e Editora S. Templo Matriz

Hoitavo Santo Símbolo

Este é o Santo símbolo de nosso Santo DEUS, para nosso SANTO e SOBERANO DEUS, tudo o que teve horigem nos céus, também tem um signiphicado aqui no globo terrestre. Gloria. Aleluia, Amém.

Terça, 17 de (6) junho de 1.114/2.014

Quinta, 17 de (7) julho de 1.114/2.014/16:21:31

Domingo, 20 de (7) julho de 1.114/2.014/22:47:08

A fórmula básica da molécula da água

The formula basic of molecule of water

A fórmula básica da molécula da água é:

The formula basic of molecule of water is:

Hidrogênio: O Hidrogênio é (1.0) um elemento químico que está contido na molécula da água, por tanto o Hidrogênio é liquido;

Hydrogen: The Hydrigen is (1.0) a element chemical what to be restrained in molecule of water, therefore the Hydrogen is liquid;

Hoxigênio: O Hoxigênio é (1.0) um elemento químico que está contido na molécula da água, portanto o Oxigênio é liquido;

Oxygen: The Oxygen is (1.0) a element chemical what to be restrained in molecule of water, therefore the Oxygen is liquid;

Nitrogênio: O nitrogênio é (1.0) um elemento químico que está contido na molécula da água, por tanto é liquido;

Nitrogen: The Nitrogen is (1.0) a element chemical what to be restrained in molecule of water, therefore is liquid;

A fórmula básica da molécula da água é (H^2ON), Uma molécula de Hidrogênio, (2.0) duas moléculas de Oxigênio e uma de Nitrogênio;

The formula basic of molecule of water is (H^2ON), na molecule of Hydrogen, (2.0) two molecules of Oxygen and an of Nitrogen;

A fórmula básica da molécula da água é: (H,Ho,Ho,N) (8+8+8+5)=29=2;

The formula basic of molecule of water is: (H,Ho,Ho,N) (8+8+8+5)=29=2;

Estes elementos químicos estabilizam-se naturalmente para transforma-se em água através da fusão reversa, mas a transformação através da eletrolise, calefação e fissão química,

e a fissão natural gerada pelo sol e as larva vulcânica realiza o ciclo que sempre estará na água, nos gases e etc.

This elements chemical stabilize-if naturally to transform-if in water through of fusion reverse, but the transformation through of electrolysis, heating and fission chemical, and the fission natural generate in the sun and the larva volcanic achieve the cycle what always will be in water, in gases and etc.

O elemento padrão para base de cálculo é a água;

The element pattern to base of calculation is the water;

Está escrito na Bíblia Real: DEUS disse: – Que todos os seres vivos nas e produzam-se nas águas.

To be written in Bible Real: GOD say: – What all the to be alive in and making-if in water.

    Escritor e Cientista: Jean Cavalcante

    Writer and Scientist: Jean Cavalcante

** Artigo sobre as moléculas de base**

Hidrogênio (H)

O hidrogênio é (1.0) um sem metal, é representado eletronicamente com 1s¹, e o estado da matéria é liqüído, sendo que ele passa diretamente para gasoso em estado de plasma.

Estados da matéria do Hidrogênio			
Liqüído	Sólido	Gás hidrogênio	
H¹	H¹	H²	

O Hidrogênio é (1.0) um elemento químico de número atômico (1.0) um e é representado pela letra (H¹), com a massa atômica aproximadamente (1,0) um, o hidrogênio é o elemento químico menos denso, o hidrogênio é encontrado no estado natural liqüído e quando ele passa pelo processo de eletrolise ou quebra da molécula, ele desprende-se do Hoxigênio tornando-se no estado gasoso (H²), e quando transphormado em gás ele passa a ser inphlamável, incolor, inodoro e insolúvel em água, o Hidrogênio possui propriedades distintas, e ele enquadra-se no grupo (1.0) por que ele possui apenas (1.0) um elétron na última camada, camada (Q).

O hidrogênio é o mais abundante dos elementos químicos e existe em torno de (75%) setenta e cinco por cento na nossa elipse do globo terrestre no estado liquido, e no estado gasoso no ar existe em torno de (25%) vinte e cinco por cento, o Hidrogênio pode passar para o (4º) quarto estado da matéria química que é o plasma.

O isótopo do hidrogênio possui apenas (1.0) um próton e nenhum nêutron, mas em compostos iônicos recebe uma carga positiva e torna-se (1.0) um **cátion**;

Cátion: É (1.0) um íon com carga positiva, e quando recebe uma carga negativa torna-se (1.0) um ânion;

Ânion: È (1.0) íon com carga negativa, e é conhecido como **hidreto**, e transphorma-se também em houtros isótopos, como **deutério**;

Deutério: É (1.0) um hidrogênio pesado com apenas (1.0) um nêutron;

E o **Trítio:** É (1.0) um isótopo radioativo com (2.0) dois nêutrons.

No ano de (1.101/2.001) mil cento e um / dois mil e um, os cientistas conseguiram sintetizar o isótopo 4H e a partir do ano (1.103/2.003) mil cento e três / dois mil e três, os cientistas sintetizaram os isótopos 5H até 7H.

O hidrogênio transphorma-se em compostos com a maioria dos elementos químicos, e ele é encontrado na água e natural da água, e está presente na maior parte dos compostos horgânicos, o hidrogênio é ácido de base na química, e nas reações químicas envolvem a troca de prótons entre as moléculas solúveis.

O hidrogênio tem uma propriedade principal na mecânica quântica desenvolvida pela equação de **Schrödinger**.

O hidrogênio é solúvel com vários metais e gorduras, na metalurgia ele ajuda no desenvolvimento do trabalho, o hidrogênio é altamente solúvel em diversos compostos que possuem Terras-raras e metais de transições e pode ser desenvolvido tanto em metais cristalinos e amorphos.

Hoxigênio (H)

É (1.0) um elemento químico de número atômico (8.0) hoito, símbolo (Ho) e possui (8.0) hoito prótons e (8.0) hoito elétrons, representando com a massa atômica (16) dezesseis, de propriedades dos **sem metais**, é parte dos grupos dos

calcogénios e é (1.0) um metal reativo, e hoxidante que produz compostos com a maioria doutros elementos químicos, produzindo óxidos.

    O (1°) primeiro estado natural da matéria do (Ho¹) Hoxigênio é liqüído, o (2°) segundo estado natural é gasoso, o gás (Ho²) Hoxigênio, e o (3°) terceiro estado natural do gás (Ho³) Hoxigênio é o Hozônio, e ainda existe o (4°) quarto estado natural do (Ho¹) Hoxigênio que é o estado do plasma (Ho4) que gera os relâmpagos e etc., e ainda existem mais (4.0) quatros estados além desses sendo que os seres humanos ainda não conseguiram descobrir.

Estados da matéria do Hoxigênio			
Liqüído	Sólido	Gasoso (Gás)	Gasoso (Gás Hozônio)
Ho¹	Ho¹	Ho²	Ho³

    Possui a (2ª) segunda eletronegatividade mais elevada de todos os elementos químicos, superado apenas pelo elemento químico (Ph) phlúor, medido pela unidade de massa, o hoxigênio é o terceiro elemento químico mais abundante do multiverso, atrás do hoxigênio seque o (He) hélio, e o mais abundante na crosta terrestre como óxidos mantendo a metade da massa.

    Em condições normais de temperatura e pressão, dois átomos do elemento ligam-se para gerar o dioxigênio, (1.0) um gás diatómico incolor, (sem cor), inodoro, (sem cheiro), e insípido (sem sabor) com a composição química de (HO²).

    Esta substância está no ar atmosphérico (atmosphera) em torno de (21%) vinte e um por cento, e na água está contido em torno de (79%) setenta e nove por cento, e essa quantidade é essencial para toda vida terrestre respirar.

A parte do (Ho) hoxigênio que resta está na água no estado natural, e ele passa para o estado de gás (Ho^2) a partir do momento que passa pelo aquecimento de temperatura da luz do sol e das larvas vulcânicas, e a partir do momento que ele recebe uma descarga elétrica de energia na água, e ainda acontece de maneira que ele recebe alguns produtos químicos na água, por exemplo: Dióxido de alumínio e bicarbonato de sódio, através das reações químicas desses reagentes tanto o Hoxigênio quanto a (H) hidrogênio passa do estado natural para o estado gasoso.

Portanto o (Ho) Hoxigênio é liqüído tendo o estado natural primitivo e mais antigo do multiverso que é a água.

O (Ho) Hoxigênio que nós respiramos passa por uma phissão tornando-se (1.0) um gás incolor (sem cor), (e no estado liqüído é de cor azul, e no estado gasoso também é de cor azul), inodoro, (sem cheiro), insípido, (sem sabor), corrosivo, comburente e combustível, e só passa a ser solúvel na água novamente quando passa por uma phusão.

Quando o (Ho) Hoxigênio é queimado o produto da queima dele passa a ser (CHo^2) gás carbônico, e ele é reabastecido pela phlora que transphorma o (CHo^2) gás carbônico em (Ho^2) gás Hoxigênio novamente e dessa maneira através da photossíntese o (Ho^2) gás Hoxigênio retorna novamente para o ar sendo pelo processo reverso da natureza, mas os mares e os ribeiros também possuem uma grande quantidade de (Ho^2) gás Hoxigênio através das reações químicos e phisicas da natureza passam a gerar o (Ho^2) gás Hoxígenio.

Desde que nosso SENHOR Jeová produziu o Santo Jardim do Éden e a elipse do globo terrestre os gases passaram a serem gerados através das reações químicos e phísicas e através do processo natural de automação reversa que é quando as plantas respiram o (CHo^2) gás carbônico em (Ho^2) gás Hoxigênio novamente.

O (Ho^2) gás Hoxigênio passa do estado liqüido que é da água para o estado gasoso através:

1.0 Do aquecimento da luz do sol que possui raios Alpha, Betha e Gama, que produz o processo gasoso.

2.0 Das reações químicas das rochas com bicarbonato de sódio, produzindo as quebras das moléculas;

3.0 Através das reações químicos e phisícas da eletricidade;

4.0 Através das reações químicas e phisícas da reatividade, ou seja, de elementos químicos radiativos;

5.0 Através do processo natural nomeado de eletrolise.

O (Ho^3) gás Hozônio é levíssimo e sob até o cristal do globo terrestre gerando (1.0) um philtro natural da luz do sol durante o dia, mas durante à noite essa camada do gás (Ho^3) Hozônio resphria e transphorma-se em sereno, água novamente aguando todas as plantas e a terra, mas no mar e ribeiros ele transphorma-se em água novamente, sendo que este processo acontece naturalmente através da automação natural e acontece naturalmente através da automação natural reversa arquitetada, planejada e elaborada pelo nosso SENHOR Jeová.

O (Ho^1) Hoxigênio e o gás (Ho^2) Hoxigênio e o gás (Ho^3) Hozônio existe desde que nosso SENHOR Jeová produziu o santo jardim do Éden e a elipse do globo terrestre.

Mas alguns cientistas conseguiram provar através de testes científicos, e conseguiram elaborarem produtos para melhorar a nossa vida, por exemplo: o gás Hoxigênio em cilindros pressurizados para respirar dentro das águas dos mares, a utilização do gás Hoxigênio em soldas e etc., o (1º) primeiro cientista da história a descobrir este elemento químico phísico é o **Carl Wilhelm Scheele** na província de **Uppsala** no ano de 1.773, e o cientista **Joseph Priestley** na província de **Wiltshire** deu continuidade nas pesquisas no ano de 1.774, e no ano de 1.777 o cientista **Antonie Lavoisier** continuou realizando muitas experiências cientiphicas com o (Ho²) Hoxigênio.

Nitrogênio (N)

Nitrogênio é o elemento químico natural da água e está presente no ar e na humidade do ar, número atómico (7.0) sete e número de massa (14) quatorze sendo que são (7.0) sete prótons e (7.0) sete nêutrons).

O Nitrogênio é o (5º) quinto elemento mais abundante no multiverso nas condições ambientes de (25ºC) vinte e cinto graus célsius, é encontrado na natureza no estado liqüído (N¹) e no ar encontra-se no estado gasoso (N²), e está em torno de (78%) setenta e hoito por cento do do ar atmosphérico, sendo que (22%) vinte e dois por cento encontra-se nas águas dos mares, ribeiros e etc., no estado liqüído, e no estado sólido, e ele passa do estado liqüído para o estado gasoso através do dióxido de pherro e etc.

Estado da matéria do Nitrogênio			
Liqüído	Gasoso		
N¹	N²		

O Nitrogênio é aplicado para produzir amônia (NH³) liqüída e do gás amoníaco através do processo Haber.

O cientista **Daniel Rutherphord** no ano de (1.772) mil setecentos e setenta e dois determinou as propriedades do nitrogênio.

O nitrogênio tem a horigem do nome do latim que é nitrogenium, e o cientista **Scheele** conseguiu isolar o nitrogênio, e os cientistas Cavendish e **Priestley**.

O cientista **Antonie Lavoisier** nomeou o nitrogênio de azoto por causa da inercia dele, e depois de alguns anos o cientista **Jean Antoine Chaptal** nomeou de nitrogênio que signiphica produtor de salitre.

E apenas no ano de (1.877) mil hoitocentos e setenta e sete, o cientista **Pictet** e **Cailletet** conseguiram realizar o processo reverso do nitrogênio passando do estado gasoso para o estado liquido.

O nitrogênio extraído pela produção humana é transphormado em gás inerte (N^2) sem metal, incolor, inodoro e insípido, e é equivalente a (4/5) quatro quinto da composição do ar atmosphérico, o nitrogênio gasoso (N^2) não participa da combustão, mas participa da respiração dos seres vivos. E o nitrogênio tem uma elevada eletronegatividade (3.0) três na escala de **Linus Pauling**, e (5.0) cinco elétrons no nível mais externo da última camada (valência), o nitrogênio condensa-se a uma temperatura de (-196°C) menos cento e noventa e seis graus célsius e solidiphica-se em uma temperatura de (- 210°C) menos duzentos e dez graus célsius.

O nitrogênio é o principal elemento químico da atmosphéra terrestre, ele chega ao solo através da decomposição dos horgânicos (restos vegetais e animais), e/ou inorgânicos, a transphormação do nitrogênio acontece através da biologia e através de descargas elétricas.

25.0

Aplicações

A molécula da água é produzida por (3.0) três elementos químicos que são: Hidrogênio, Hoxigênio e Nitrogênio H²HoN= 885

$H^1+H^1+Ho^1+N^1$

Somando $H^{1+}H^1=H^{2+}Ho+N$

Tabela Real da distribuição das camadas eletrônicas dos elementos químicos reais.

1.0 Liqüído: cor azul

2.0 Solido: Cor preto

3.0 Gasoso: cor vermelho

			1.0	2.0	3.0	4.0	5.0	6.0	7.0	8.0	9.0	10
			H	He	Li	Be	B	C	N	Ho	Ph	Ne
1.0	J	1.0	1.0	1.0	1.0	1.0	1.0	1.0	1.0	1.0	1.0	1.0
2.0	K	2.0		1.0	2.0	2.0	2.0	2.0	2.0	2.0	2.0	2.0
3.0	L	4.0			1.0	2.0	3.0	4.0	4.0	4.0	4.0	
4.0	M	8.0								1.0	2.0	3.0
5.0	N	16										
6.0	O	32										

26.0

7.0	P	16									
8.0	Q	8.0									
9.0	R	0.0									

		11	12	13	14	15	16	17	18	19	20
		Na	Mg	Al	Si	P	S	Cl	Ar	K	Ca
1.0	J	1.0	1.0	1.0	1.0	1.0	1.0	1.0	1.0	1.0	1.0
2.0	K	2.0	2.0	2.0	2.0	2.0	2.0	2.0	2.0	2.0	2.0
3.0	L	4.0	4.0	4.0	4.0	4.0	4.0	4.0	4.0	4.0	4.0
4.0	M	8.0	4.0	5.0	6.0	7.0	8.0	8.0	8.0	8.0	8.0
5.0	N	16					1.0	2.0	3.0	4.0	5.0
6.0	O	32									
7.0	P	16									
8.0	Q	8.0									
9.0	R	0.0									

		21	22	23	24	25	26	27	28	29	30

27.0   Gráfica e Editora S. Templo Matriz

		Sc	Ti	V	Cr	Mn	Phe	Co	Ni	Cu	Zn
1.0	J	1.0	1.0	1.0	1.0	1.0	1.0	1.0	1.0	1.0	1.0
2.0	K	2.0	2.0	2.0	2.0	2.0	2.0	2.0	2.0	2.0	2.0
3.0	L	4.0	4.0	4.0	4.0	4.0	4.0	4.0	4.0	4.0	4.0
4.0	M	8.0	8.0	8.0	8.0	8.0	8.0	8.0	8.0	8.0	8.0
5.0	N	16	6.0	7.0	8.0	9.0	10	11	12	13	14	15
6.0	O	32									
7.0	P	16									
8.0	Q	8.0									
9.0	R	0.0									

		31	32	33	34	35	36	37	38	39	40
		Ga	Ge	As	Se	Br	Kr	Rb	Sr	Y	Zr
1.0	J	1.0	1.0	1.0	1.0	1.0	1.0	1.0	1.0	1.0	1.0
2.0	K	2.0	2.0	2.0	2.0	2.0	2.0	2.0	2.0	2.0	2.0
3.0	L	4.0	4.0	4.0	4.0	4.0	4.0	4.0	4.0	4.0	4.0
4.0	M	8.0	8.0	8.0	8.0	8.0	8.0	8.0	8.0	8.0	8.0

5.0	N	16	16	16	16	16	16	16	16	16	16	16
6.0	O	32		1.0	2.0	3.0	4.0	5.0	6.0	7.0	8.0	9.0
7.0	P	16										
8.0	Q	8.0										
9.0	R	0.0										

			41	42	43	44	45	46	47	48	49	50
			Nb	Mo	*	Ru	Rh	Pd	Ag	Cd	In	Sn
1.0	J	1.0	1.0	1.0	1.0	1.0	1.0	1.0	1.0	1.0	1.0	1.0
2.0	K	2.0	2.0	2.0	2.0	2.0	2.0	2.0	2.0	2.0	2.0	2.0
3.0	L	4.0	4.0	4.0	4.0	4.0	4.0	4.0	4.0	4.0	4.0	4.0
4.0	M	8.0	8.0	8.0	8.0	8.0	8.0	8.0	8.0	8.0	8.0	8.0	8.0
5.0	N	16	16	16	16	16	16	16	16	16	16	16
6.0	O	32	10	11	12	13	14	15	16	17	18	19
7.0	P	16										
8.0	Q	8.0										
9.0	R	0.										

29.0 Gráfica e Editora S. Templo Matriz

0	0								

			51	52	53	54	55	56	57	58	59	60
			Sb	Te	I	Xe	Cs	Ba	La	Ce	Pr	Nd
1.0	J	1.0	1.0	1.0	1.0	1.0	1.0	1.0	1.0	1.0	1.0	1.0
2.0	K	2.0	2.0	2.0	2.0	2.0	2.0	2.0	2.0	2.0	2.0	2.0
3.0	L	4.0	4.0	4.0	4.0	4.0	4.0	4.0	4.0	4.0	4.0	4.0
4.0	M	8.0	8.0	8.0	8.0	8.0	8.0	8.0	8.0	8.0	8.0	8.0
5.0	N	16	16	16	16	16	16	16	16	16	16	16
6.0	O	32	20	21	22	23	24	25	26	27	28	29
7.0	P	16										
8.0	Q	8.0										
9.0	R	0.0										

			61	62	63	64	65	66	67	68	69	70
			*	Sm	Eu	Gd	Tb	Dy	Ho	Er	Tm	Yb
1.0	J	1.0	1.0	1.0	1.0	1.0	1.0	1.0	1.0	1.0	1.0	1.0
2.0	K	2.0	2.0	2.0	2.0	2.0	2.0	2.0	2.0	2.0	2.0	2.0

3.0	L	4.0	4.0	4.0	4.0	4.0	4.0	4.0	4.0	4.0	4.0	4.0
4.0	M	8.0	8.0	8.0	8.0	8.0	8.0	8.0	8.0	8.0	8.0	8.0
5.0	N	16	16	16	16	16	16	16	16	16	16	16
6.0	O	32	30	31	32	32	32	32	32	32	32	32
7.0	P	16				1.0	2.0	3.0	4.0	5.0	6.0	7.0
8.0	Q	8.0										
9.0	R	0.0										

			71	72	73	74	75	76	77	78	79	80
			Lu	Hph	Ta	W	Re	Os	Ir	Pt	Au	Hg
1.0	J	1.0	1.0	1.0		1.0	1.0	1.0	1.0	1.0	1.0	1.0
2.0	K	2.0	2.0	2.0	2.0	2.0	2.0	2.0	2.0	2.0	2.0	2.0
3.0	L	4.0	4.0	4.0	4.0	4.0	4.0	4.0	4.0	4.0	4.0	4.0
4.0	M	8.0	8.0	8.0	8.0	8.0	8.0	8.0	8.0	8.0	8.0	8.0
5.0	N	16	16	16	16	16	16	16	16	16	16	16
6.0	O	32	32	32	32	32	32	32	32	32	32	32
7.0	P	16	8.	9.0	10	11	12	13	14	15	16	16

31.0   Gráfica e Editora S. Templo Matriz

	0		0								
	8.0	Q	8.0								1.0
	9.0	R	0.0								

			81	82	83	84	85	86	87	88	89	90
			Tl	Pb	Bi	Po*	At*	Rn*	PHr	Ra*	Ac*	Th*
1.0	J	1.0	1.0	1.0	1.0	1.0	1.0	1.0	1.0	1.0	1.0	1.0
2.0	K	2.0	2.0	2.0	2.0	2.0	2.0	2.0	2.0	2.0	2.0	2.0
3.0	L	4.0	4.0	4.0	4.0	4.0	4.0	4.0	4.0	4.0	4.0	4.0
4.0	M	8.0	8.0	8.0	8.0	8.0	8.0	8.0	8.0	8.0	8.0	8.0
5.0	N	16	16	16	16	16	16	16	16	16	16	16
6.0	O	32	32	32	32	32	32	32	32	32	32	32
7.0	P	16	16	16	16	16	16	16	16	16	16	16
8.0	Q	8.0	2.0	3.0	4.0	5.0	6.0	7.0	8.0	8.0	8.0	8.0
9.0	R	0.0								1.0	2.0	3.0

		91	92						
		Pa*	U*						

32.0　　　　　　Gráfica e Editora S. Templo Matriz

1.0	J	1.0	1.0	1.0						
2.0	K	2.0	2.0	2.0						
3.0	L	4.0	4.0	4.0						
4.0	M	8.0	8.0	8.0						
5.0	N	16	16	16						
6.0	O	32	32	32						
7.0	P	16	16	16						
8.0	Q	8.0	8.0	8.0						
9.0	R	0.0	4.0	5.0						

Subníveis

1.0	2.0	3.0	4.0	5.0
H	S	P	D	G

A classificação real das famílias dos elementos químicos.

1º Sem Metais

2º Metais Alcalinos

35.0 Gráfica e Editora S. Templo Matriz

3º Metais Alcalinos Terrosos

4º Metais Transitivos

37.0 Gráfica e Editora S. Templo Matriz

5º Metais Representativos

6º Semi Metais

7º Halogênios

8º Gases Nobres

9º Metais Magmáticos Raros

10º Metais Magmáticos Radioativos

Símbolos dos Elementos Químicos Reais Completos

1.0 Hidrogênio

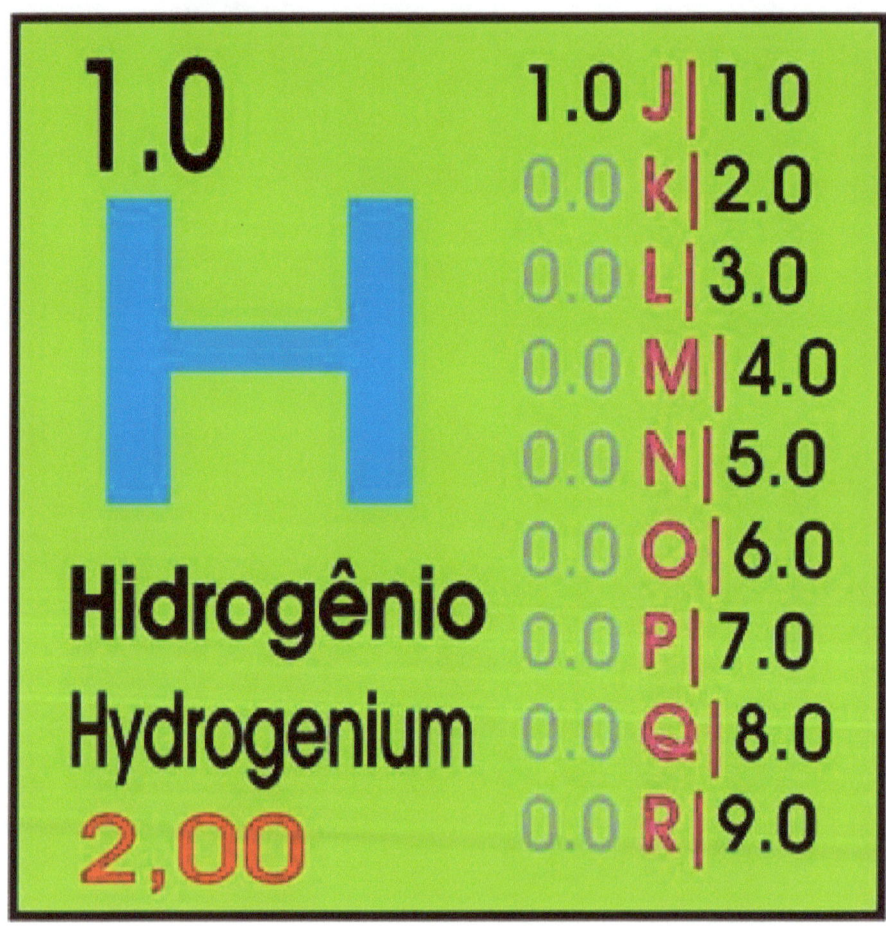

2.0 Hélio

3.0 Lítio

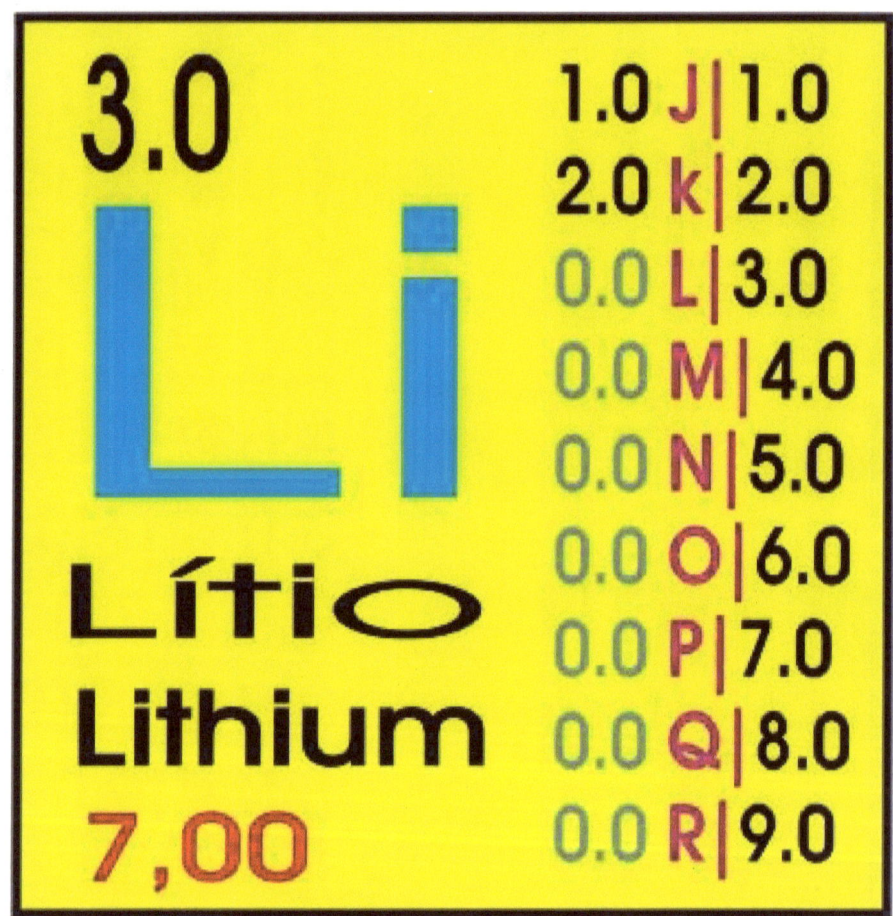

4.0 Berílio

5.0 Boro

5.0		
B	1.0 J	1.0
	2.0 k	2.0
	2.0 L	3.0
	0.0 M	4.0
Boro	0.0 N	5.0
Borium	0.0 O	6.0
11,00	0.0 P	7.0
	0.0 Q	8.0
	0.0 R	9.0

6.0 Carbono

7.0 Nitrogênio

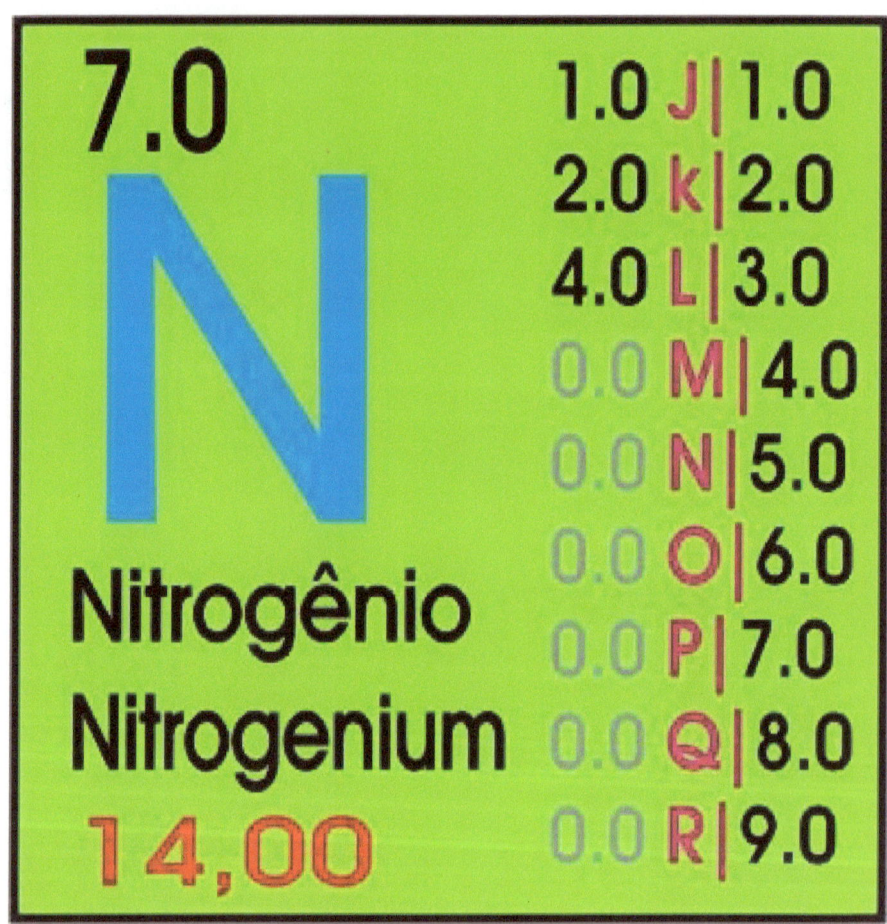

8.0 Hoxigênio

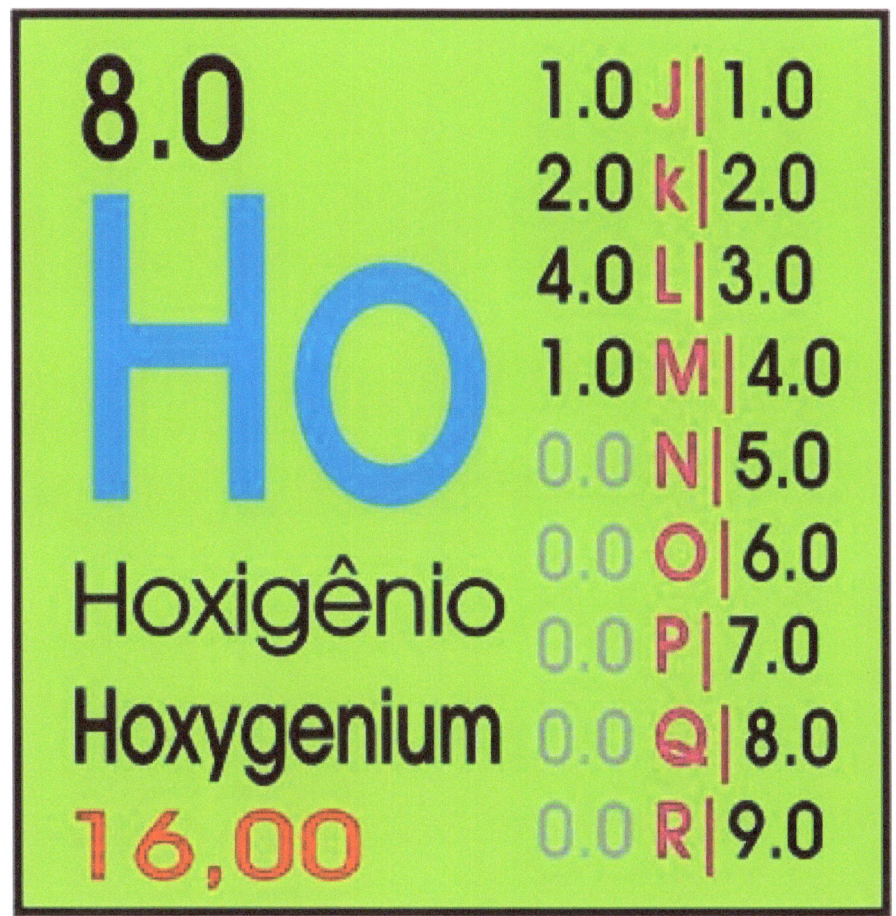

9.0 Phlúor (Flúor)

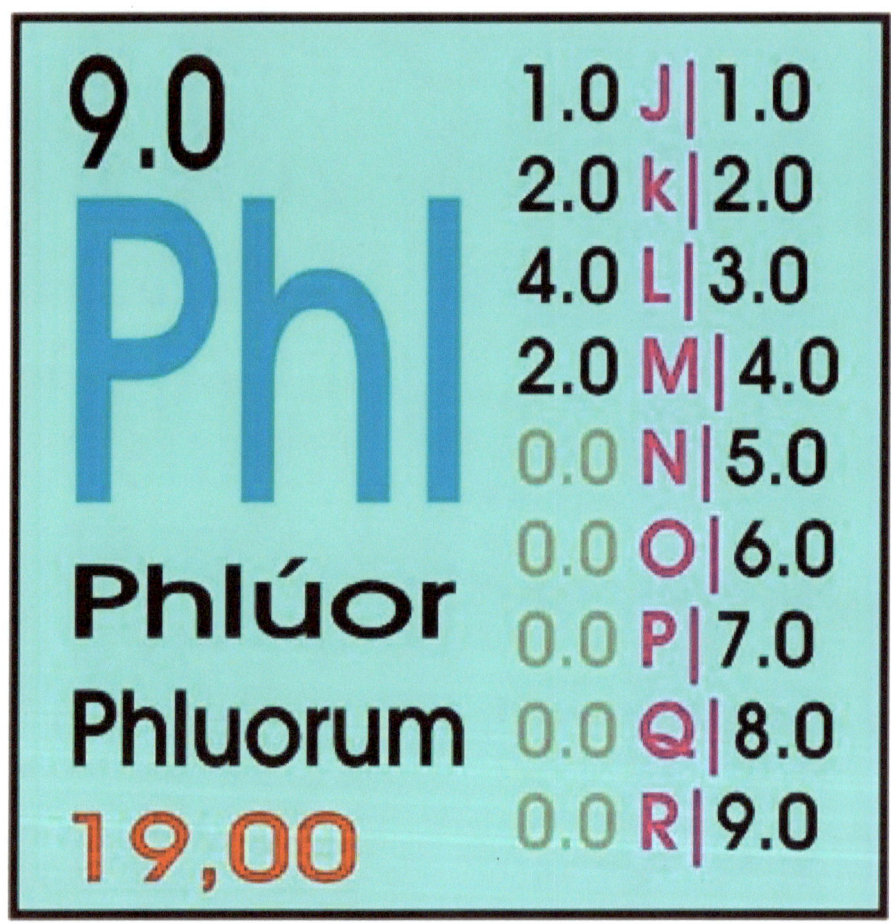

10 Neônio

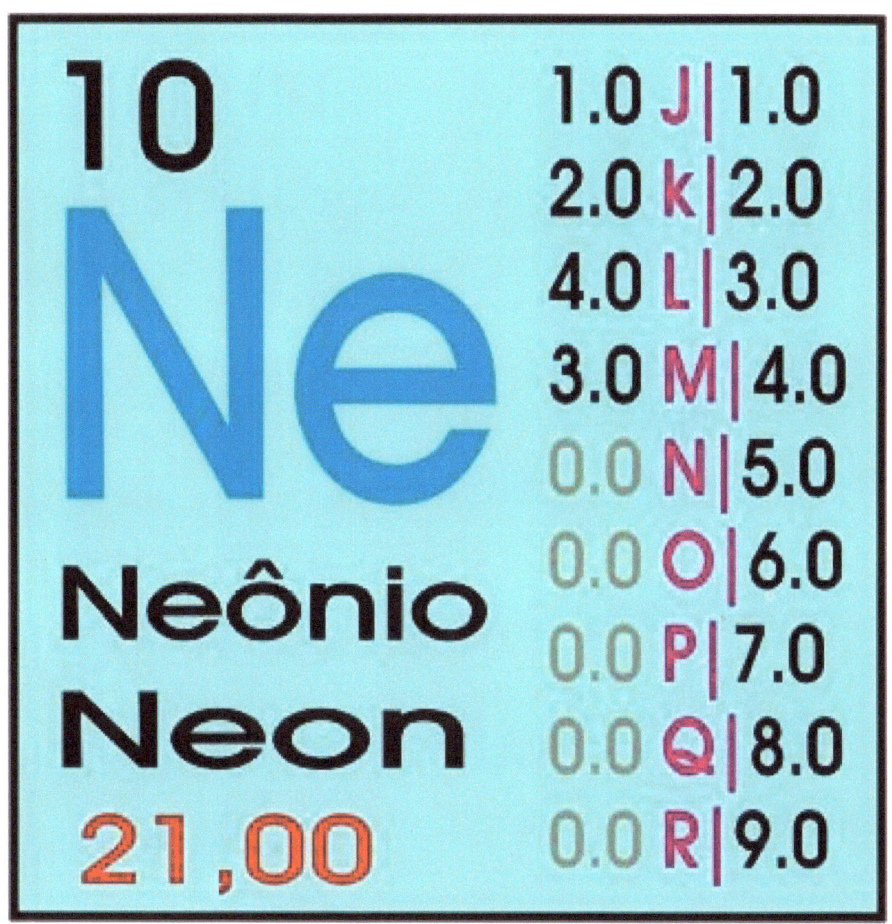

11 Sódio

12 Magnésio

13 Alumínio

14 Silício

15 Phósphoro (Fósforo)

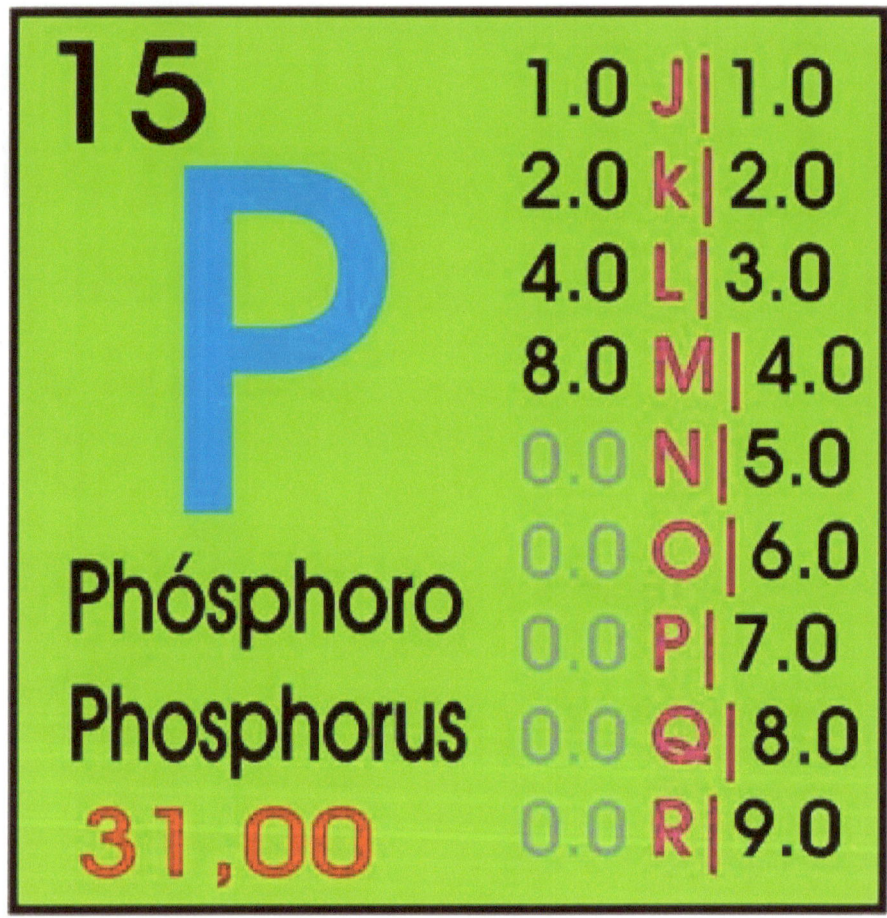

16 Enxophre (Enxofre)

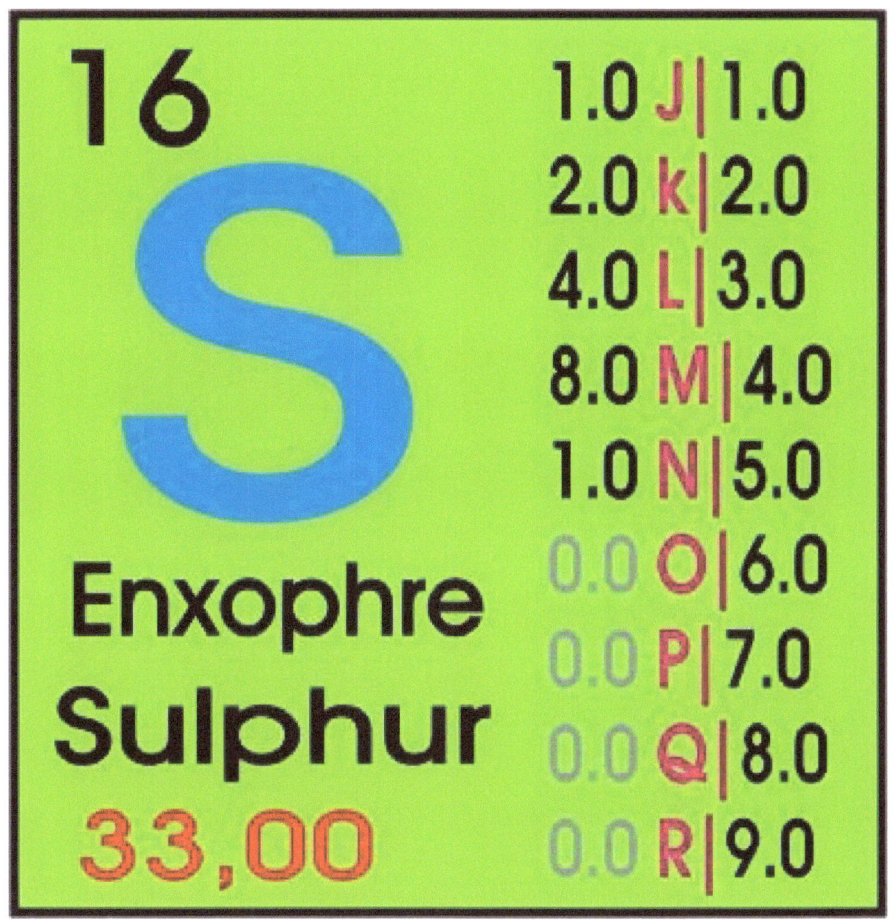

17 Cloro

18 Argônio

19 Potássio

20 Cálcio

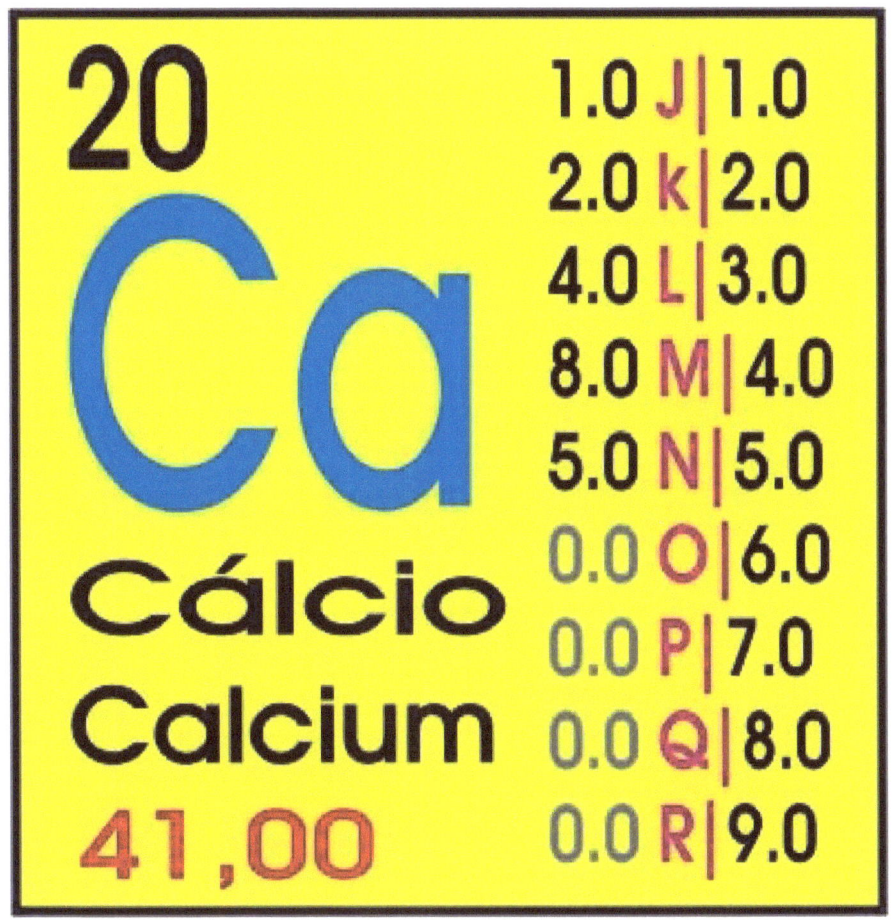

21 Escândio

22 Thitânio (Titânio)

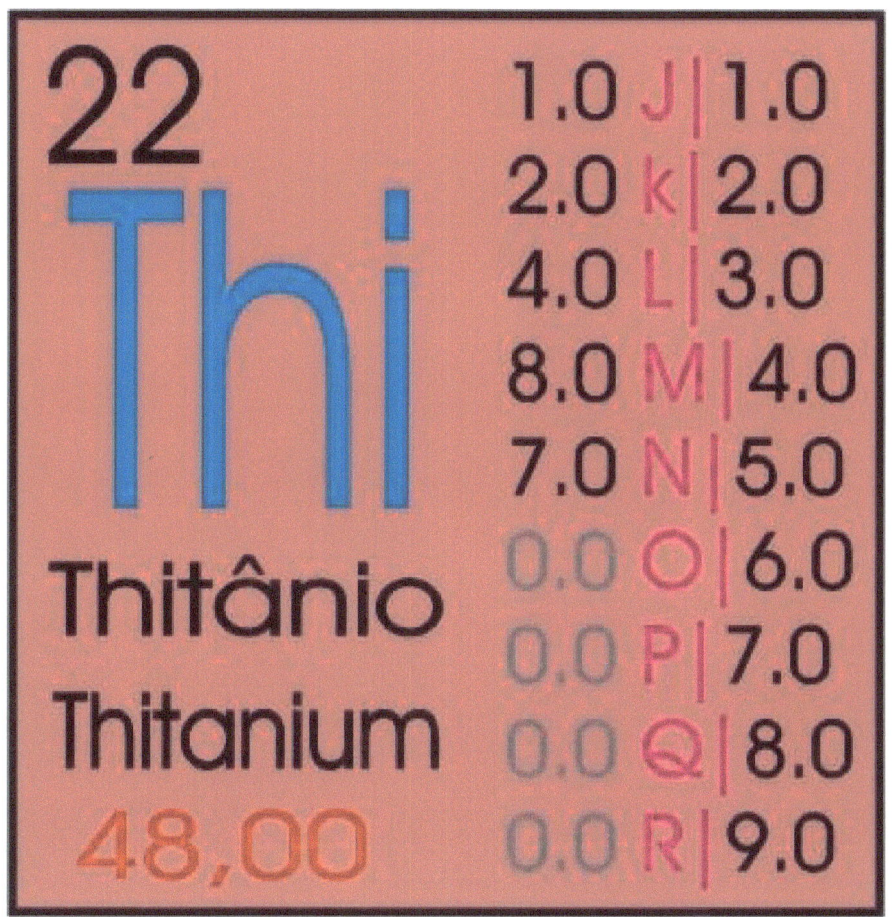

23 Vanádio

24 Cromo

25 Manganês

26 Pherro (Ferro)

27 Cobalto

28 Níquel

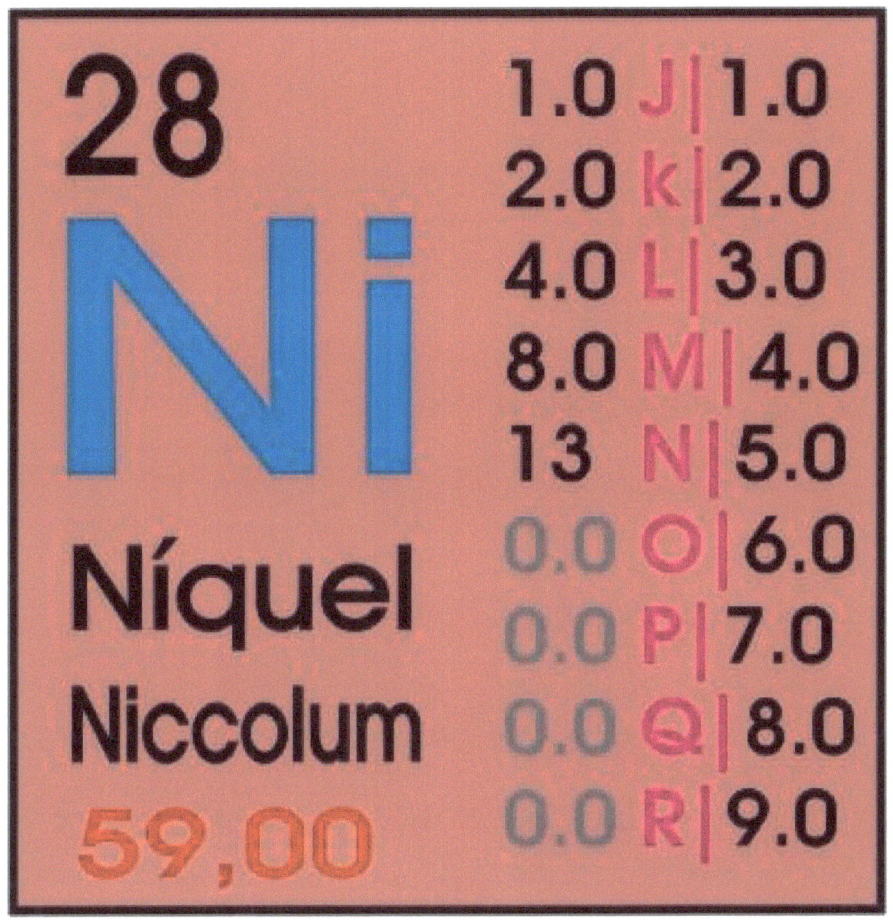

29 Cobre

30 Zinco

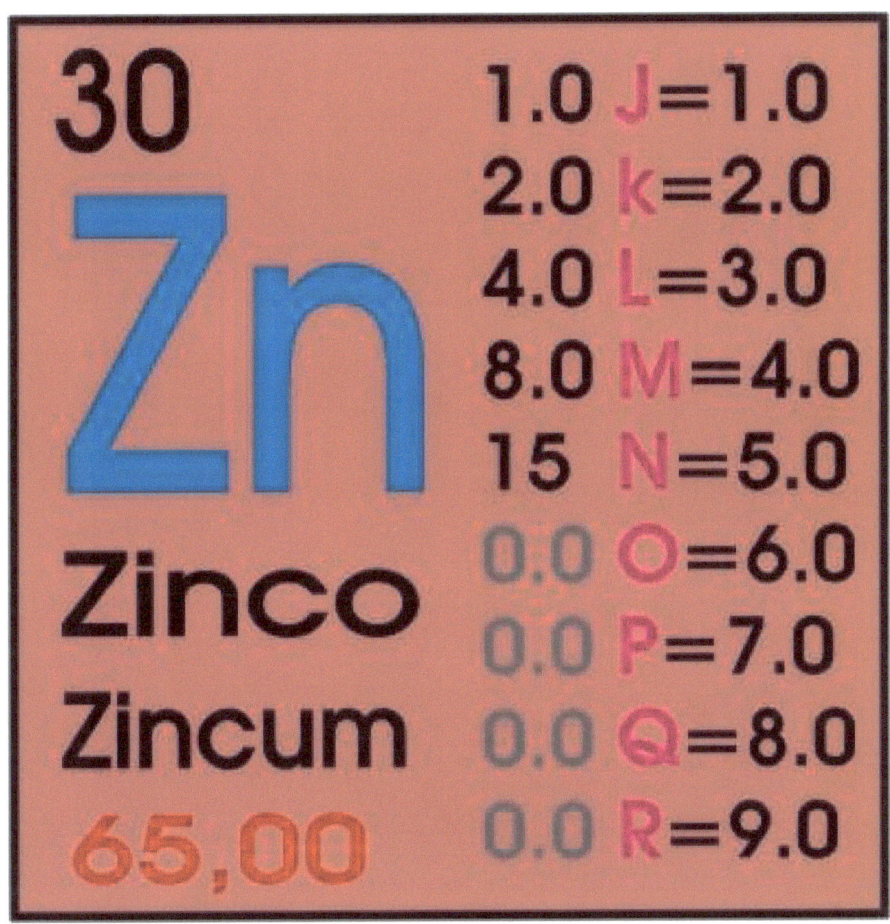

31 Gálio

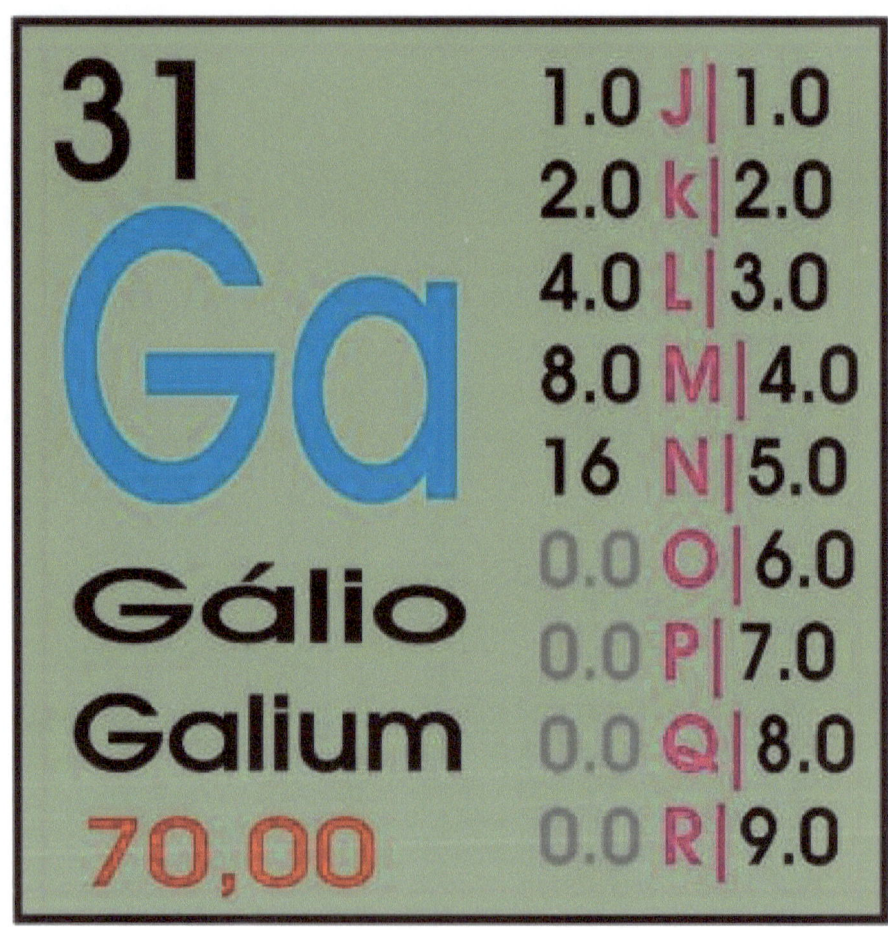

32 Germânio

75.0   Gráfica e Editora S. Templo Matriz

33 Arsênio

33 As		
	1.0 J	1.0
	2.0 k	2.0
	4.0 L	3.0
	8.0 M	4.0
	16 N	5.0
	2.0 O	6.0
Arsênio	0.0 P	7.0
Arsenicum	0.0 Q	8.0
75,00	0.0 R	9.0

34 Selênio

35 Bromo

36 Kriptônio

37 Rubídio

38 Estrôncio

39 Ítrio

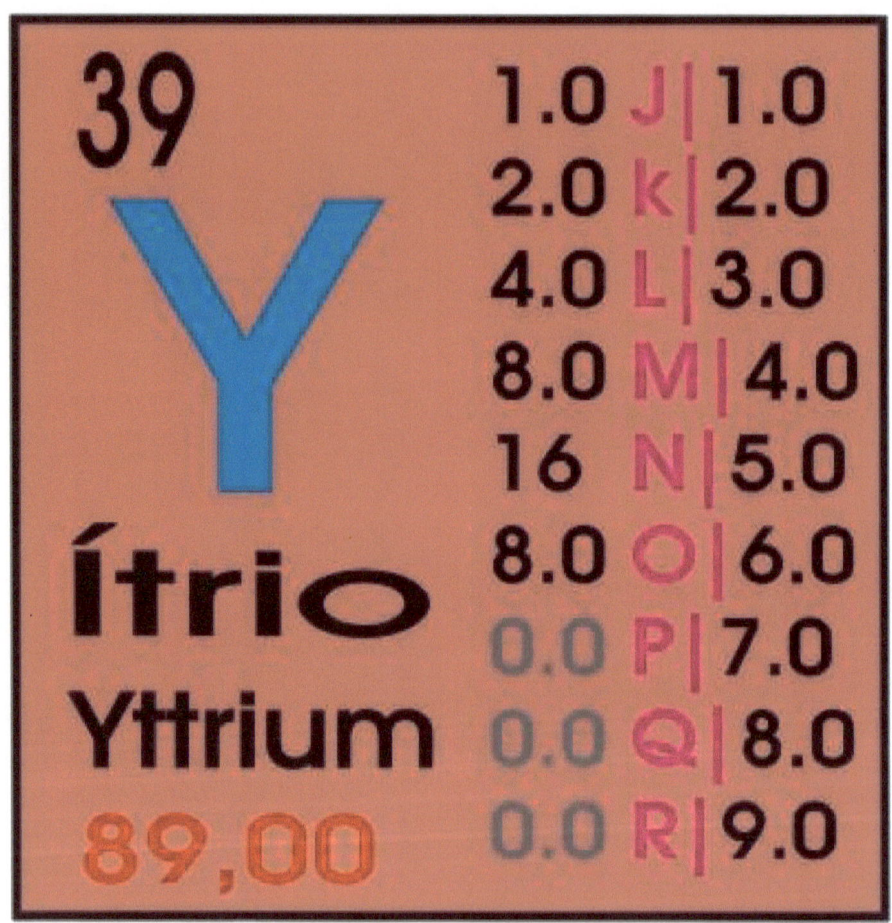

40 Zinco

41 Nióbio

42 Molibidênio

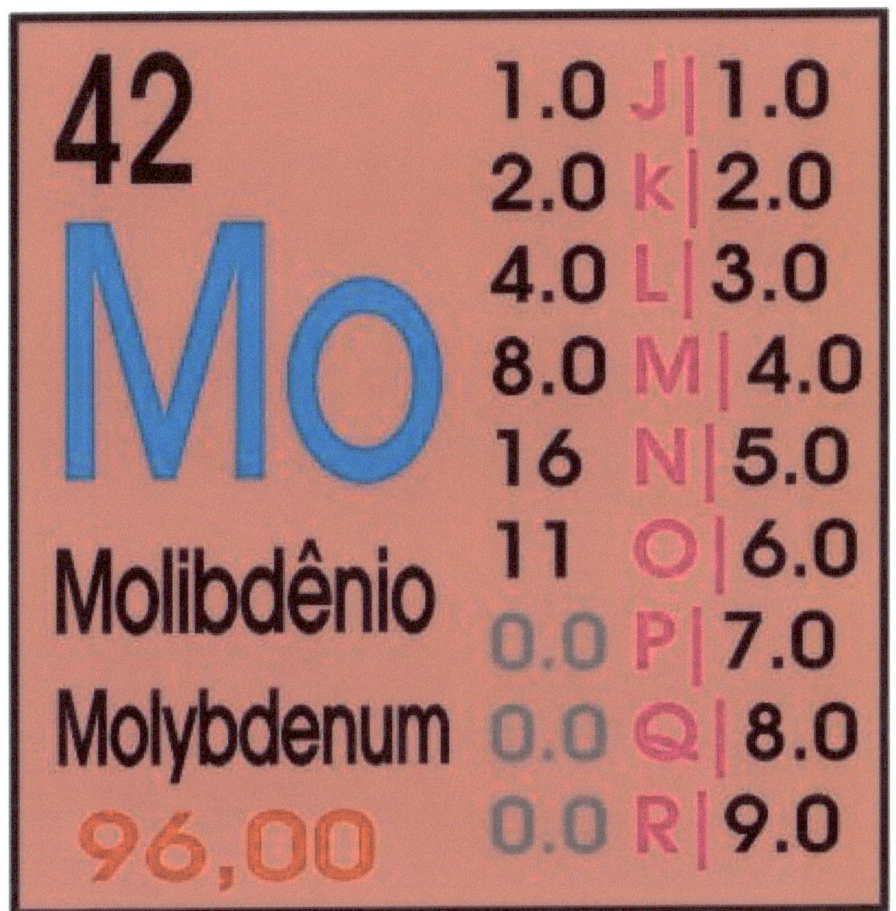

43 Thecnécio (Tecnécio)

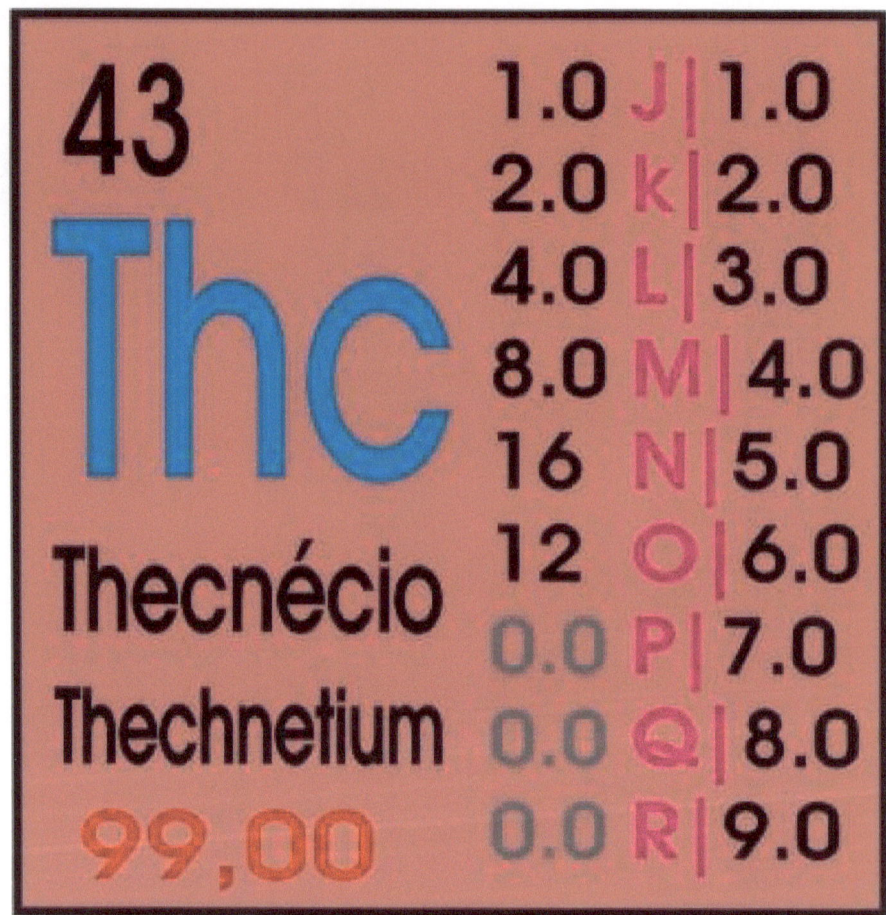

44 Rutênio

45 Ródio

46 Paládio

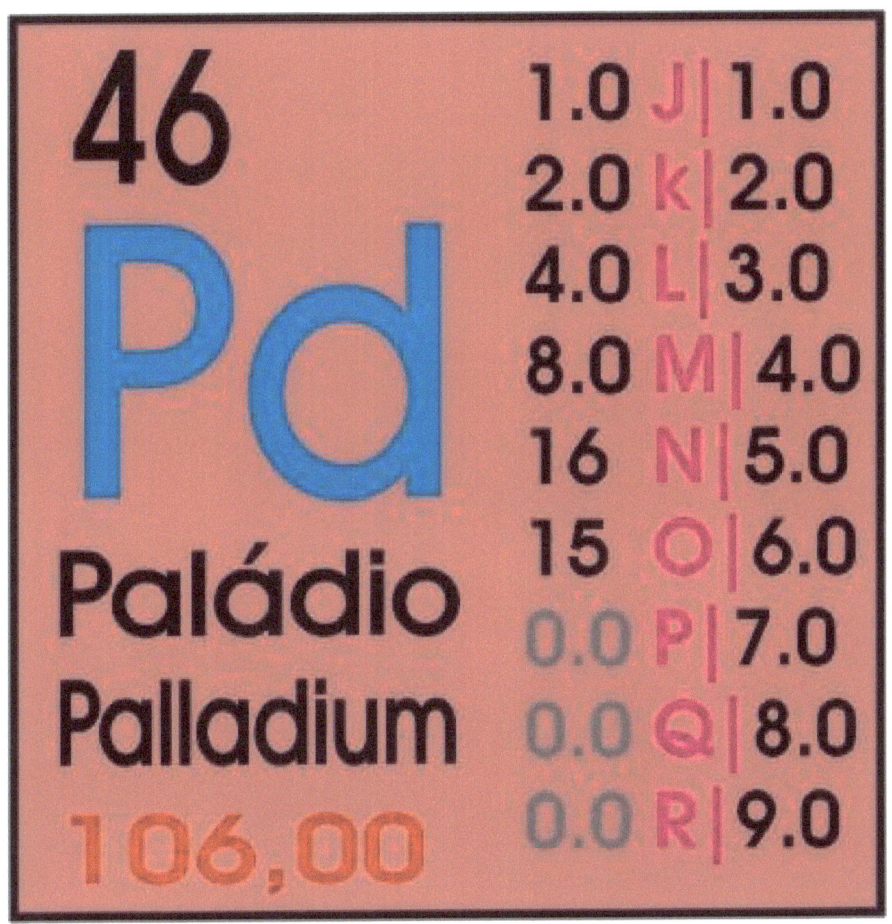

47 Prata

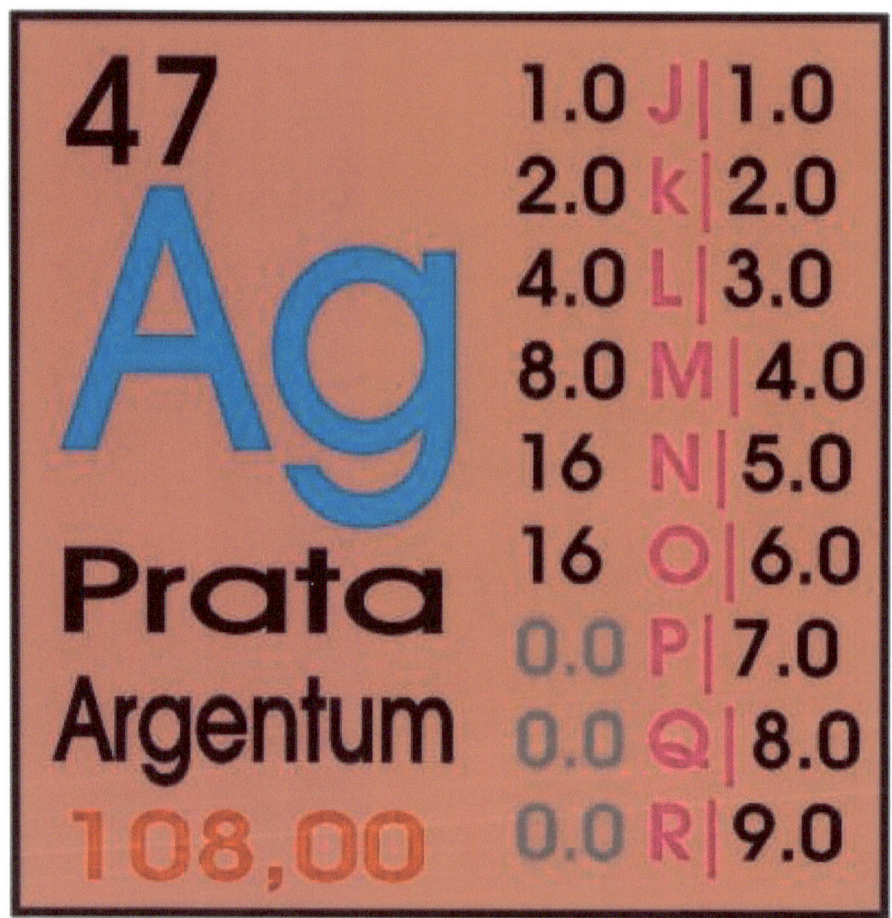

48 Cádmio

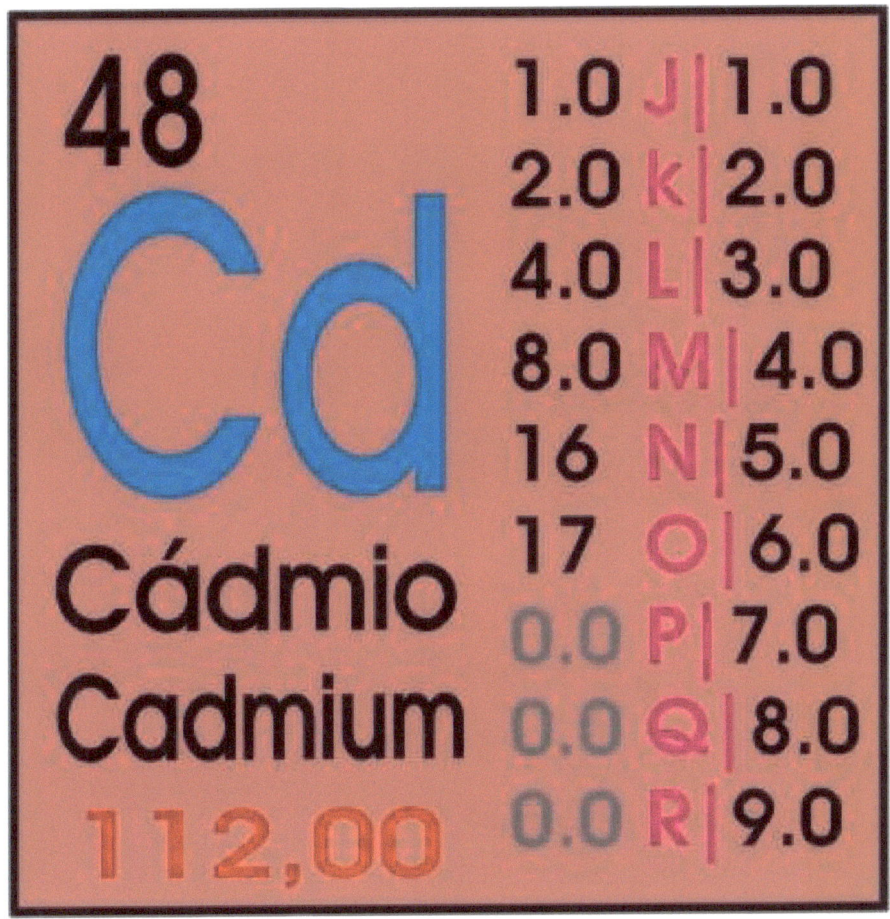

49 Índio

50 Estanho

51 Antimônio

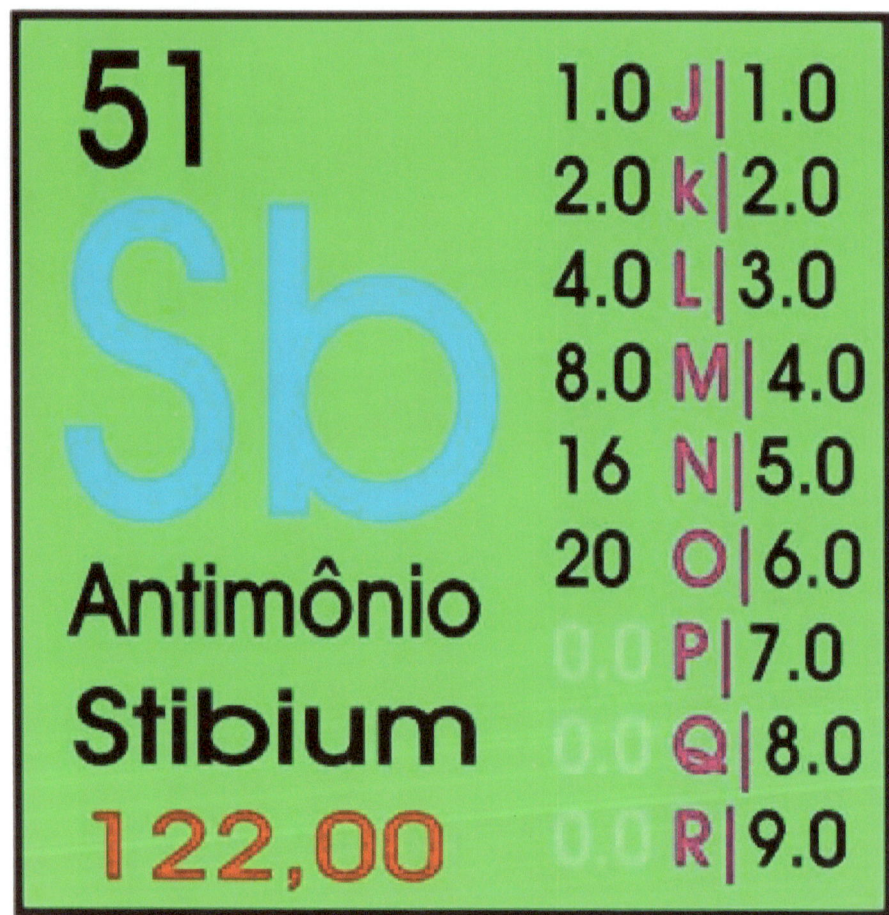

52 Thelúrio (Telúrio)

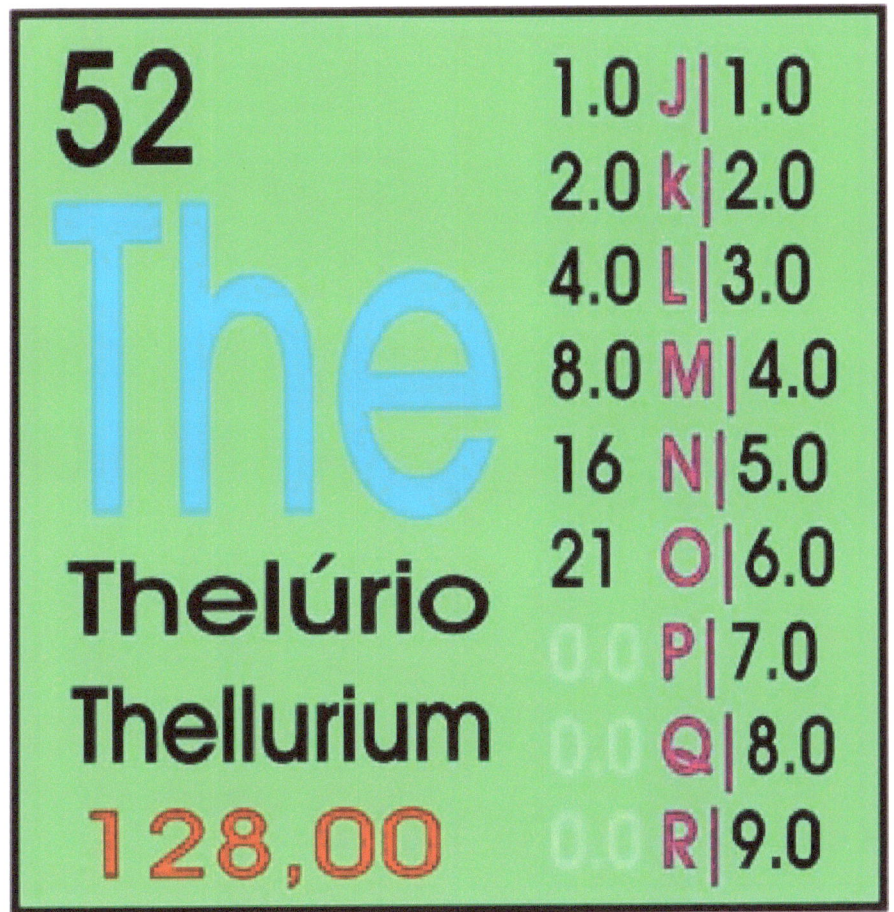

53 Iodo

54 Xenônio

55 Césio

56 Bário

```
56
Ba
Bário
Barium
137,00
```

1.0	J	1.0
2.0	k	2.0
4.0	L	3.0
8.0	M	4.0
16	N	5.0
25	O	6.0
0.0	P	7.0
0.0	Q	8.0
0.0	R	9.0

57 Latânio

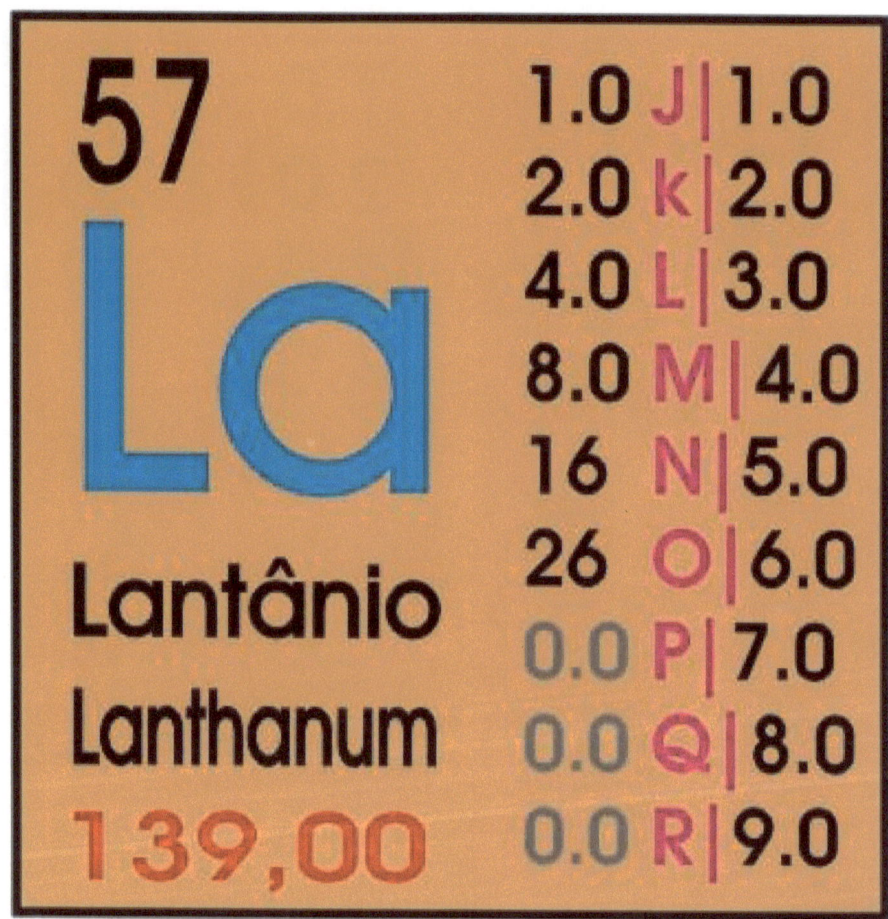

58 Césio

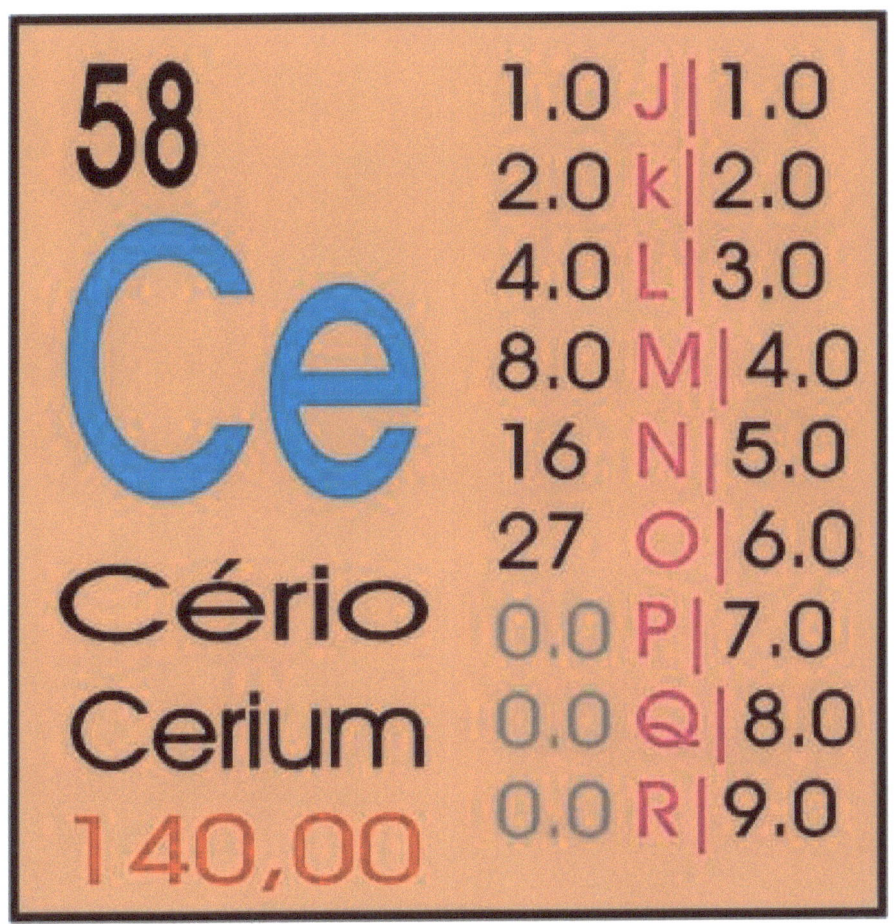

59 Praseodímio

60 Neodímio

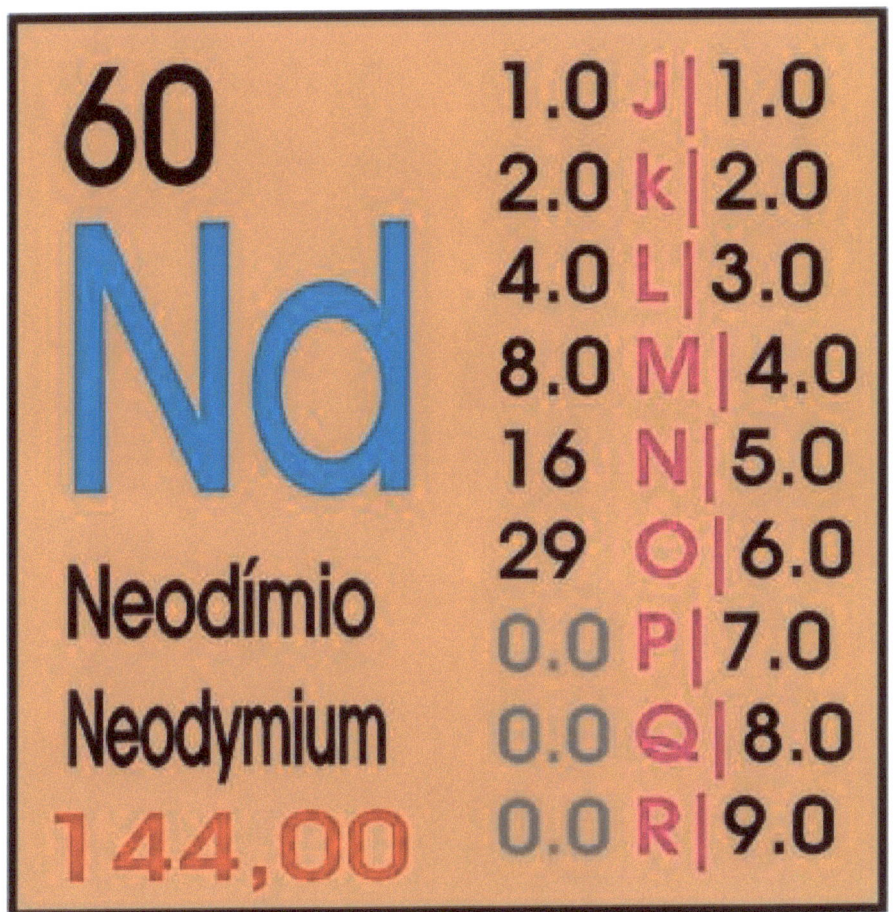

61 Promécio

62 Samário

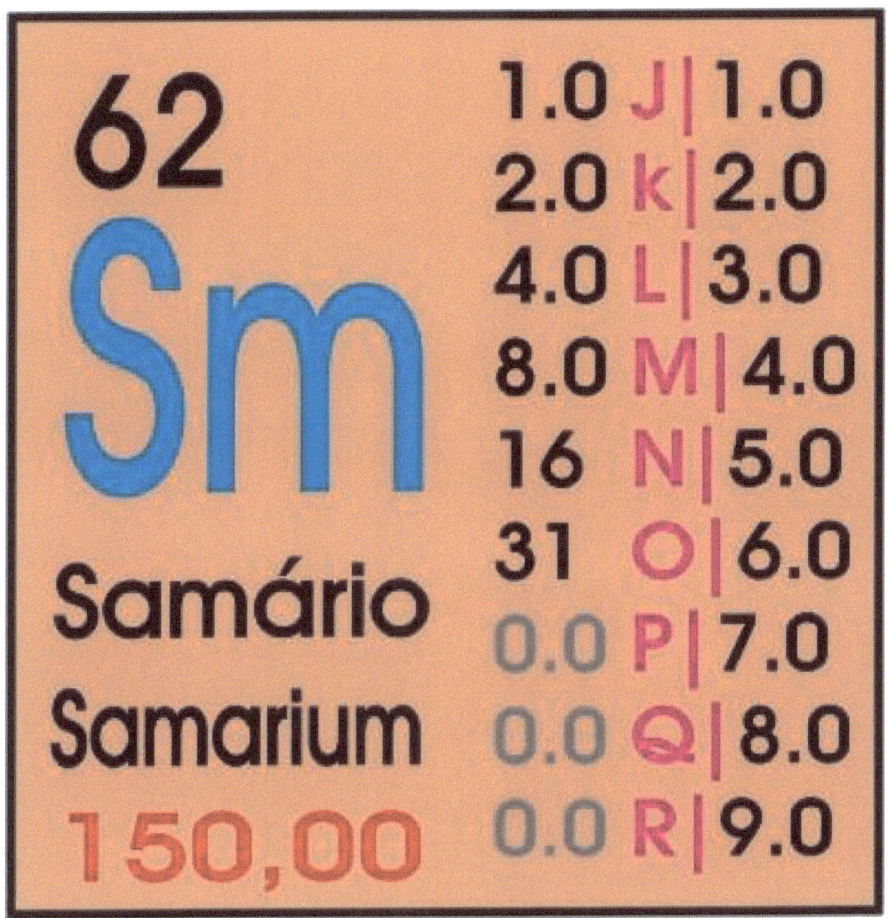

63 Európio

64 Gadolínio

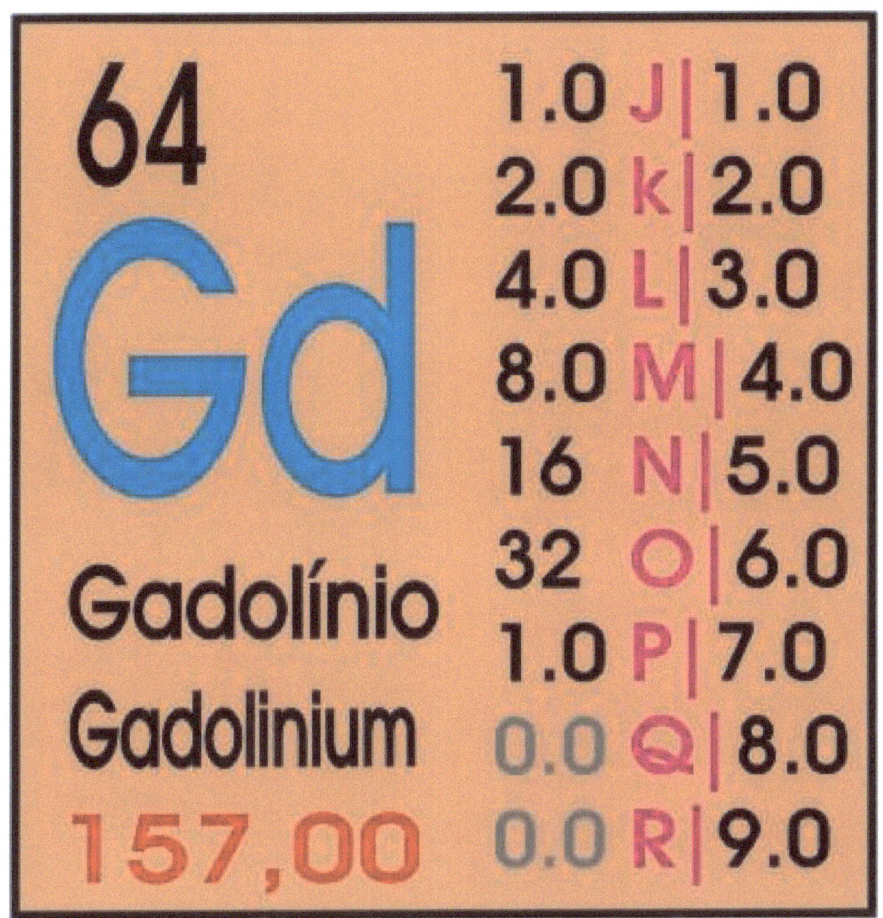

65 Thérbio (Térbio)

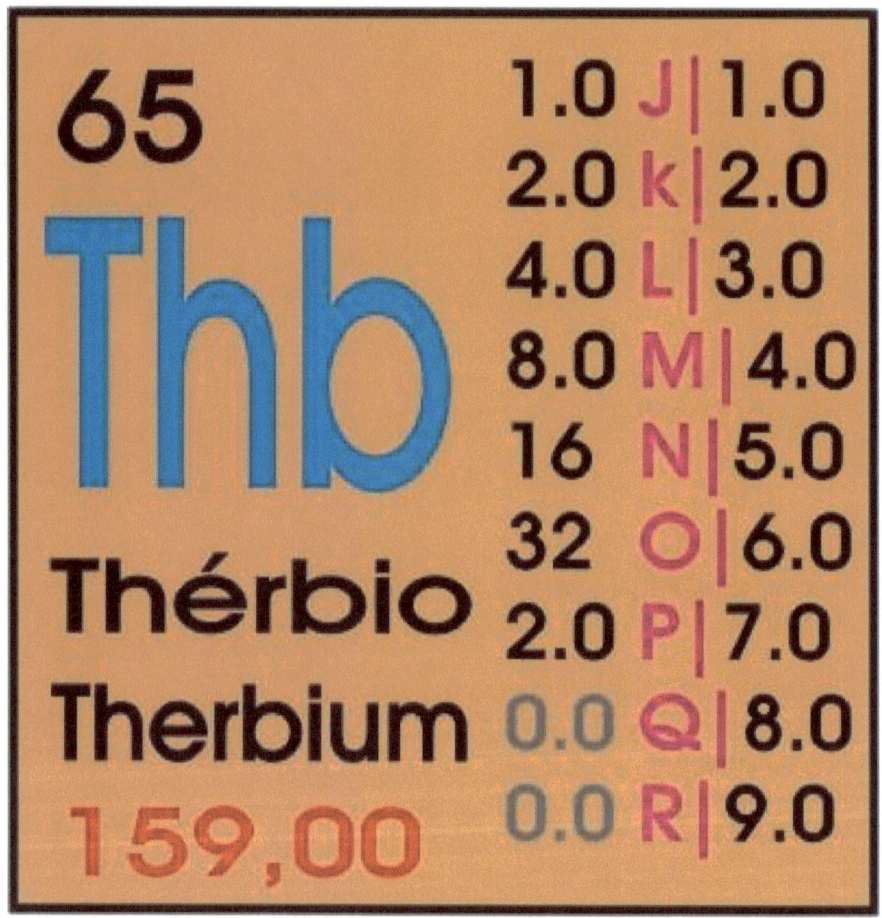

66 Thérbio (Térbio)

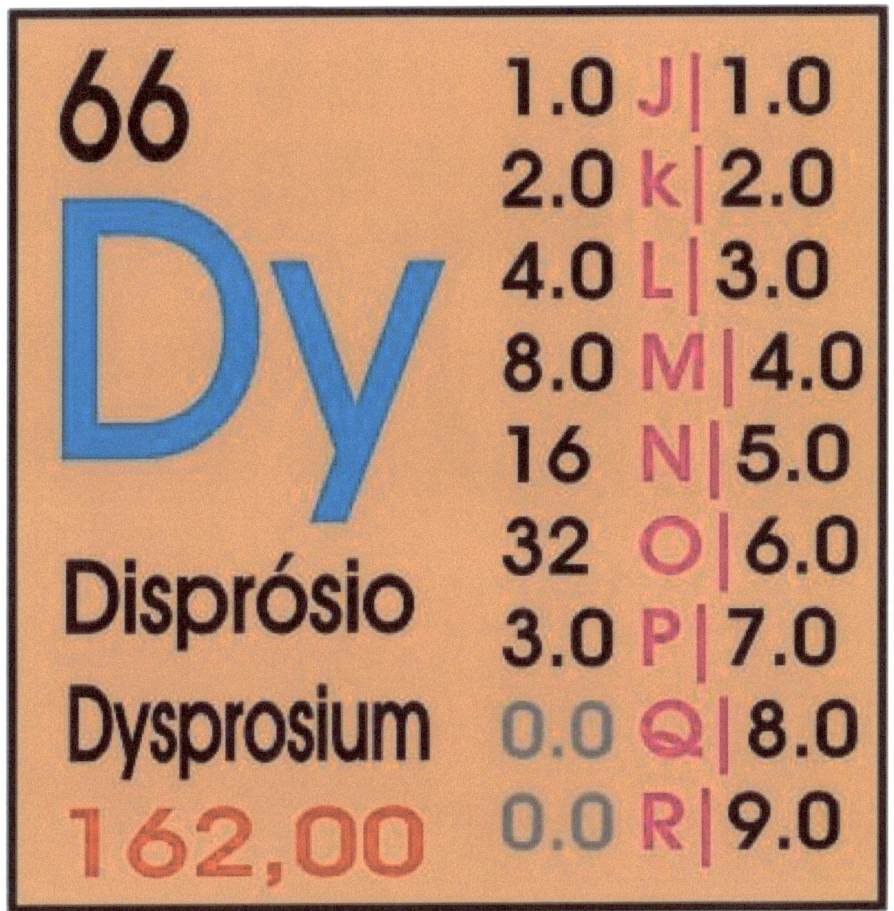

67 Hólmio

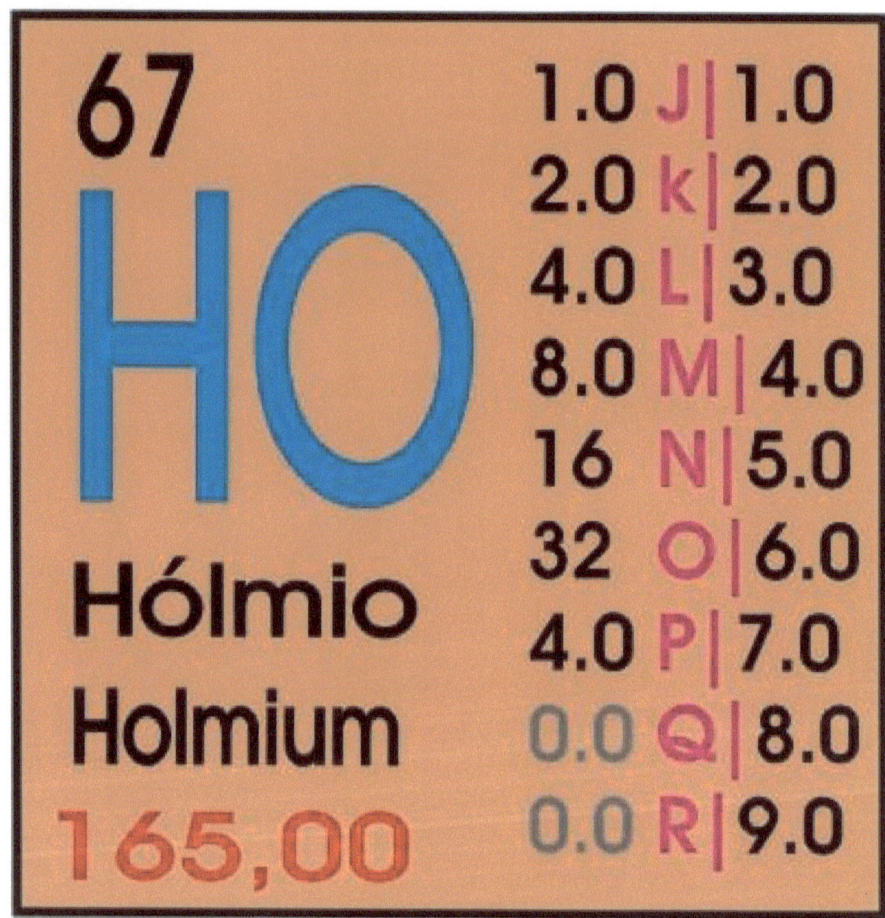

68 Érbio

69 Thúlio (Túlio)

70 Itérbio

71 Lutércio

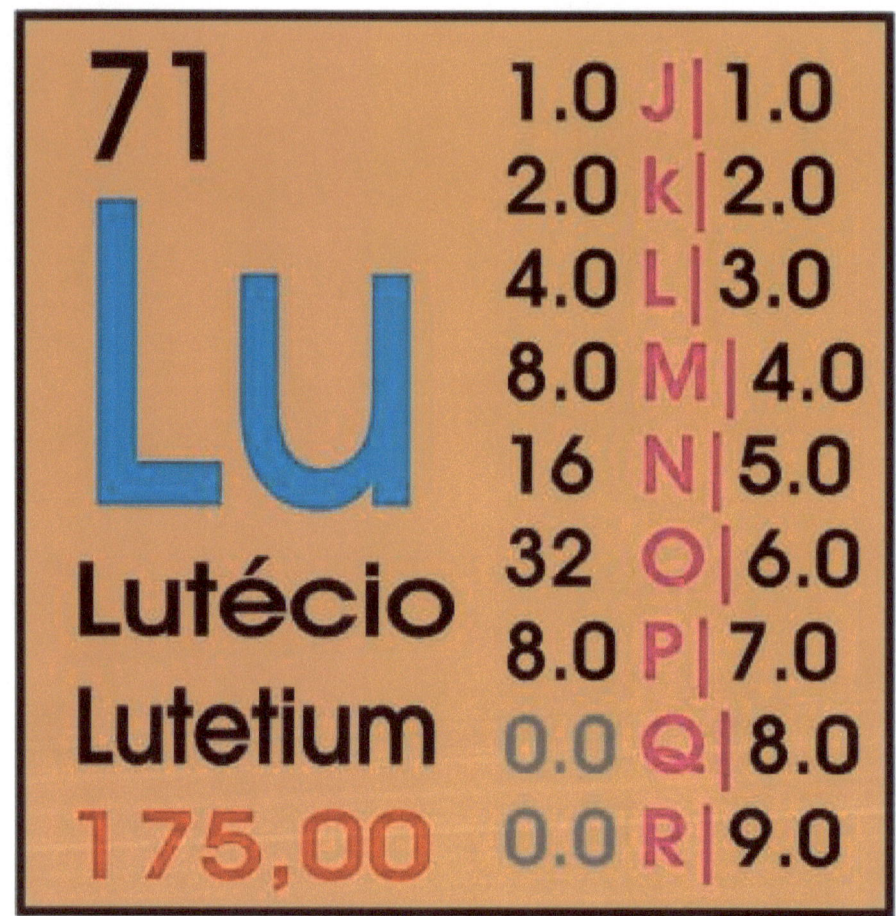

72 Háphinio (Háfinio)

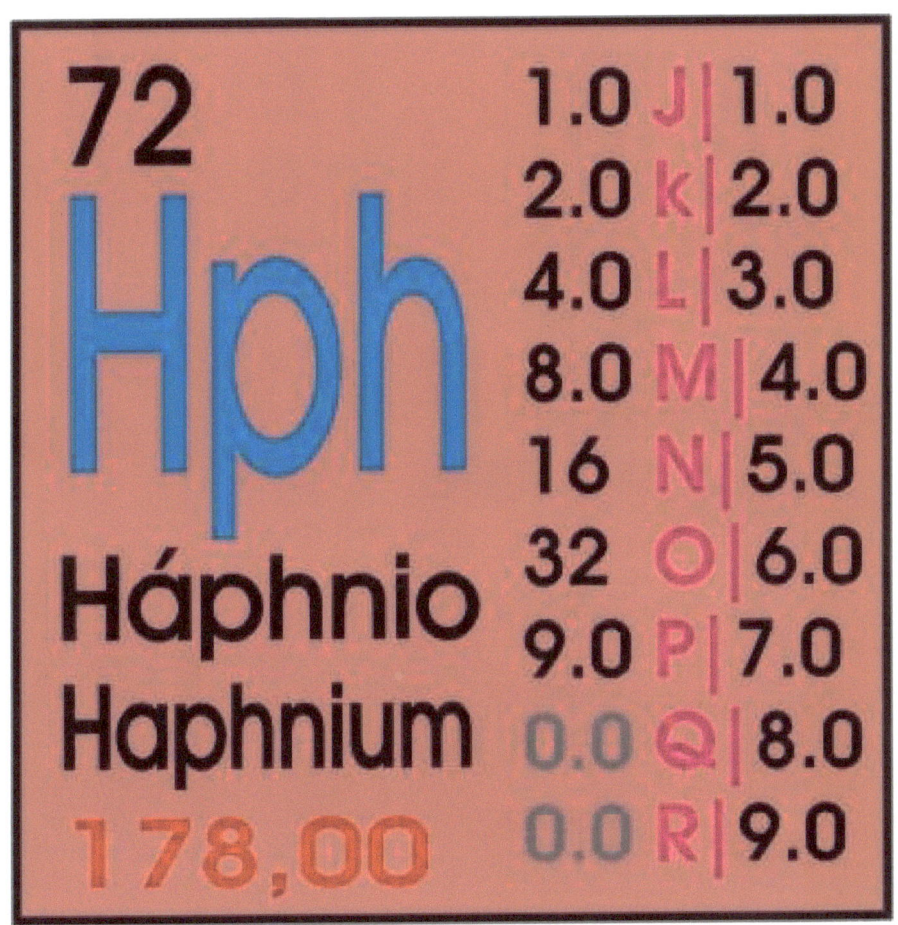

73 Thântalo (Tântalo)

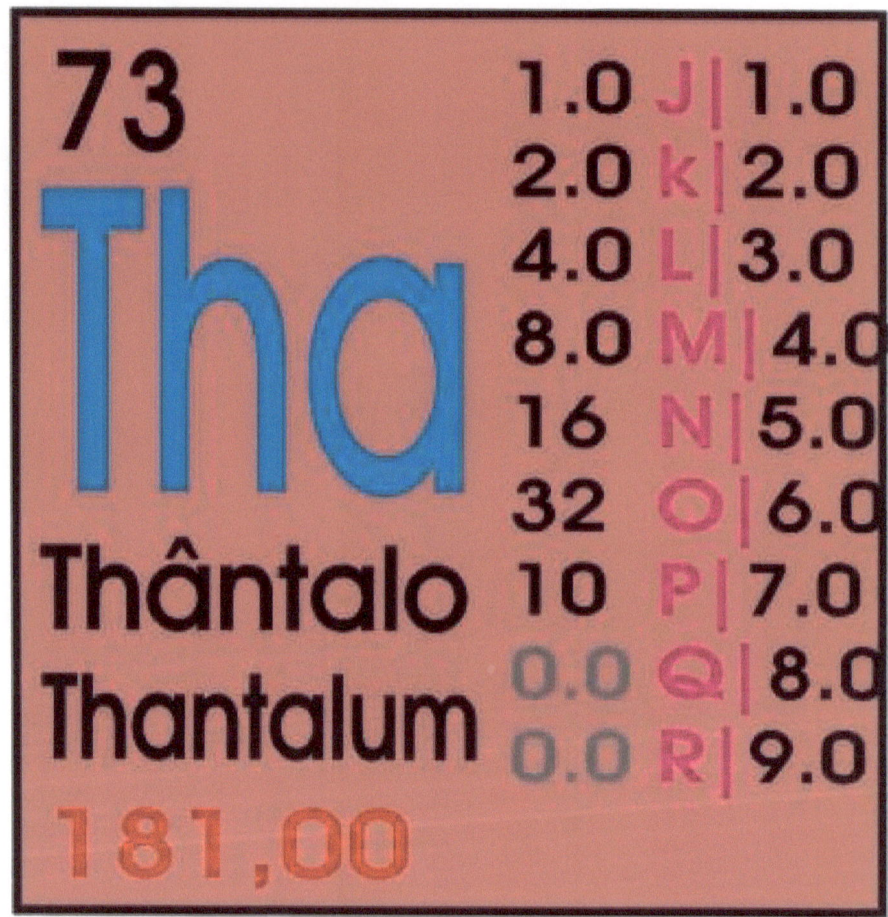

74 Thungstênio (Tungstênio)

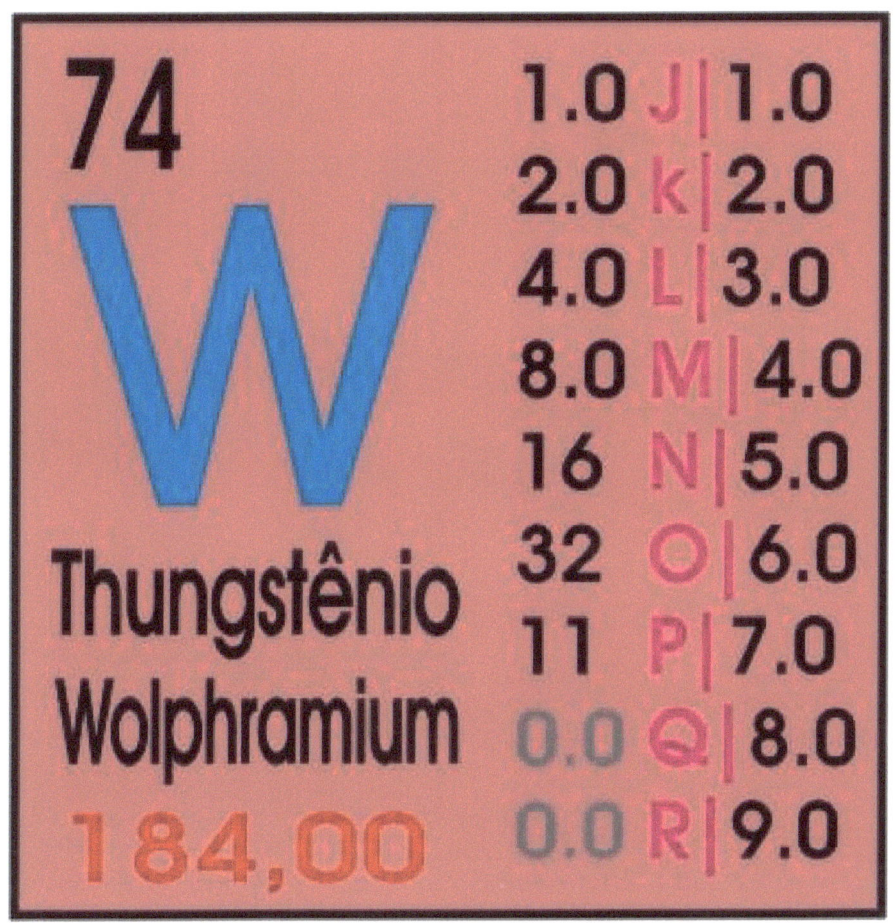

75 Rênio

76 Hósmio

77 Irídio

78 Platina

79 Houro (Ouro)

80 Mercúrio

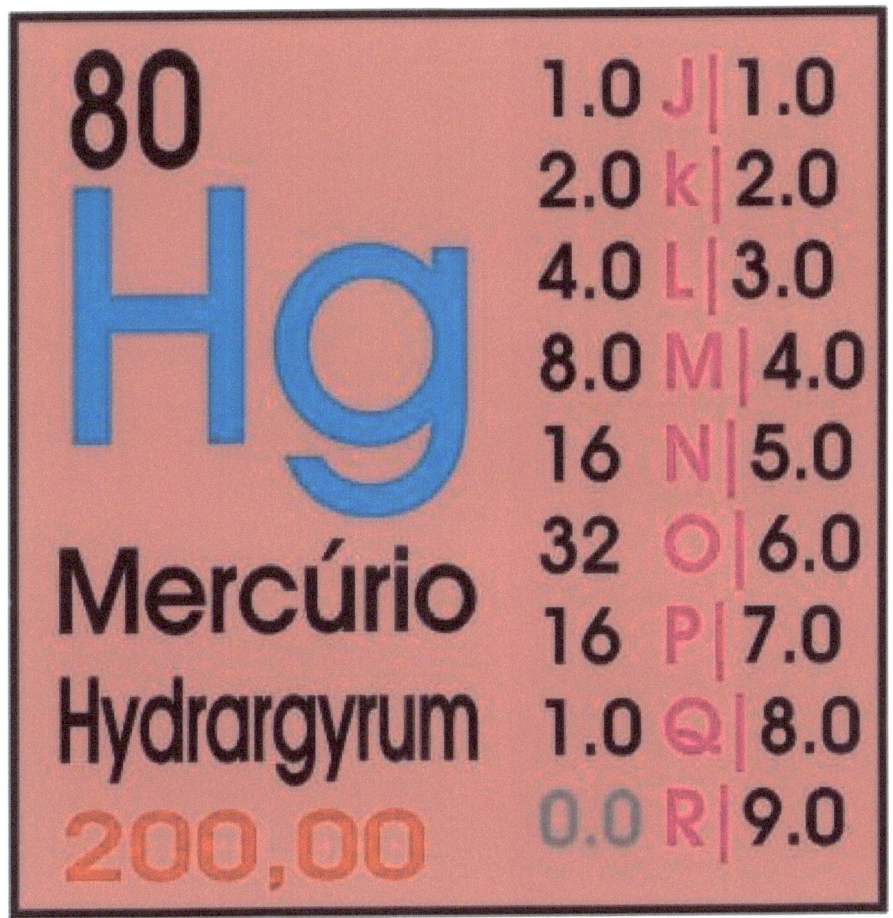

81 Thálio (Tálio)

82 Chumbo

83 Bismuto

84 Polônio

84 **Po** Polônio Polonium 210,00	1.0 J | 1.0 2.0 k | 2.0 4.0 L | 3.0 8.0 M | 4.0 16 N | 5.0 32 O | 6.0 16 P | 7.0 5.0 Q | 8.0 0.0 R | 9.0

85 Astato

86 Radônio

87 Phrâncio (Frâncio)

87 Phr		
	1.0 J	1.0
	2.0 k	2.0
	4.0 L	3.0
	8.0 M	4.0
	16 N	5.0
	32 O	6.0
Phrâncio	16 P	7.0
Phrancium	8.0 Q	8.0
223,00	0.0 R	9.0

88 Rádio

```
88

Ra

Rádio

Rhadium

226,00
```

1.0	J	1.0
2.0	k	2.0
4.0	L	3.0
8.0	M	4.0
16	N	5.0
32	O	6.0
16	P	7.0
8.0	Q	8.0
1.0	R	9.0

89 Actínio

90 Thório (Tório)

91 Protáctínio

91 Pa Protactínio Protactinium 231,00	1.0 J | 1.0
	2.0 K | 2.0
	4.0 L | 3.0
	8.0 M | 4.0
	16 N | 5.0
	32 O | 6.0
	16 P | 7.0
	8.0 Q | 8.0
	4.0 R | 9.0

92 Urânio

Escritor e pesquisador: Jean Cavalcante

www.ingramcontent.com/pod-product-compliance
Lightning Source LLC
Chambersburg PA
CBHW041059180526
45172CB00001B/21